物联网前沿进展

New Advances in the Internet of Things

［美］罗纳德·R. 耶格（Ronald R. Yager）
［西］霍尔丹·帕斯夸尔·埃斯帕达（Jordán Pascual Espada） 编著

李　峰 译

中国科学技术出版社
·北 京·

图书在版编目（CIP）数据

物联网前沿进展 /（美）罗纳德·R. 耶格,（西）霍尔丹·帕斯夸尔·埃斯帕达编著；李峰译 . -- 北京：中国科学技术出版社, 2025.4

ISBN 978-7-5046-9333-4

Ⅰ.①物… Ⅱ.①罗… ②霍… ③李… Ⅲ.①物联网—研究 Ⅳ.① TP393.4 ② TP18

中国版本图书馆 CIP 数据核字 (2021) 第 249214 号

著作版权合同登记号：01-2019-6911
First published in English under the title
New Advances in the Internet of Things
edited by Ronald R. Yager and jordán Pascual Espada
Copyright © SPRINGER International Publishing AG, 2018
This edition has been translated and published under licence from Springer Nature Switzerland AG.

本书中文简体翻译版授权由中国科学技术出版社独家出版并仅限在中国大陆销售。未经出版者书面许可，不得以任何方式复制或发行本书的任何部分。

策划编辑	王晓义
责任编辑	徐君慧
封面设计	锋尚设计
正文设计	中文天地
责任校对	邓雪梅
责任印制	徐　飞

出　　版	中国科学技术出版社
发　　行	中国科学技术出版社有限公司
地　　址	北京市海淀区中关村南大街 16 号
邮　　编	100081
发行电话	010-62173865
传　　真	010-62173081
网　　址	http://www.cspbooks.com.cn

开　　本	720mm×1000mm　1/16
字　　数	219 千字
印　　张	12
版　　次	2025 年 4 月第 1 版
印　　次	2025 年 4 月第 1 次印刷
印　　刷	北京荣泰印刷有限公司
书　　号	ISBN 978-7-5046-9333-4 / TP·520
定　　价	58.00 元

（凡购买本社图书，如有缺页、倒页、脱页者，本社销售中心负责调换）

关于本系列丛书

  计算智能研究（Studies in Computational Intelligence，SCI）系列快速且高质量地发布了计算智能各领域内所取得的最新进展和突破，以涵盖计算智能领域的理论、应用和设计方法为目的，因为这些内容紧密嵌入在工程、计算科学、物理和生命科学等领域及其背后的方法论之中。该系列丛书包含计算智能领域的专著、讲稿和编辑好的成卷书籍，内容涵盖神经网络、连接系统、遗传算法、进化计算、人工智能、细胞自动机、自组织系统、软计算、模糊系统和混合智能系统。对于撰稿人和读者来说，本系列丛书的价值在于其出版及时和发布范围广，这使得研究成果可以广泛快速传播。

  关于本系列丛书的更多信息请访问 http://www.springer.com/series/7092。

前　言

物联网（Internet of Things, IoT）加速了基于互联对象的系统创建。这些对象组合了物体部分和电子零件，例如嵌入式设备、连通传感器和其他类型的电子机器或设备。大多数物联网对象包括用于与物理世界交互的传感器和驱动器。

通信技能是这些对象的主要特征之一。物联网对象在彼此间和其他系统间，使用互联网或蓝牙等不同的通信协议进行自主信息交换，而不需要人工交互。对象之间的协作对于改进各领域内的流程和任务发挥了重要作用，这些领域包括智能城市、后勤、交通、智能家居、医疗系统、智能制造、可穿戴设备、物流和农业等。这些物联网系统已经为社会带来了巨大益处，但仍然面临着许多挑战，还存在进一步提升的空间以及新的应用领域。

本书由罗纳德·R. 耶格和霍尔丹·帕斯夸尔·埃斯帕达编写。本书的 10 章内容主要是关于物联网领域内所取得的新型重要成果。章节内容涵盖的关键领域包括：①射频识别传感器网络和工业物联网；②物联网网络的通信效率；③发布/订阅无线传感器网络；④安全性和数据质量；⑤智能城市、集群智慧和物联网；⑥实时协议、无线通信和拥塞控制；⑦智能连接和以用户为中心的物联网应用；⑧物联网中用于数据分析的存储系统；⑨物联网平台、网络协议和服务质量；⑩无线网络中的移动节点。所选主题展示了 10 个相关的创新趋势，这些趋势能够为当前的物联网发展带来巨大益处。

目 录
Contents

第 1 章　工业物联网中基于无线射频识别技术的多级感应网络 001
1.1　引言 001
1.2　无线射频识别传感器网络系统的结构 003
  1.2.1　模拟信号 004
  1.2.2　数字信号 005
1.3　可配置的无线射频识别传感电路板 005
1.4　控制和协调软件 010
1.5　电厂中物理安全措施的应用 011
  1.5.1　受检测事件 012
  1.5.2　网络配置 012
  1.5.3　淹没和湿度变化 014
  1.5.4　线束过载 015
  1.5.5　配电室访问和电气柜开启 016
1.6　总结和结论 019

第 2 章　边缘聚合分析中智能机制的应用 025
2.1　引言 025
2.2　概述和动机 027
  2.2.1　聚合分析 027
  2.2.2　总览及文献综述 028
  2.2.3　本章贡献和组织结构 029
2.3　边缘智能预测 030
  2.3.1　基本原理 030

         2.3.2　定义和问题陈述 033
　　2.4　智能预测划分 034
         2.4.1　传感器和驱动器节点上的智能部分 035
         2.4.2　边缘节点上的智能部分 035
　　2.5　性能评估 037
         2.5.1　数据集和实验设置 037
         2.5.2　性能指标 038
         2.5.3　性能评估 039
　　2.6　结论 042

第 3 章　基于发布-订阅模式的无线传感器网络监测模型 046
　　3.1　引言 046
　　3.2　无线传感器网络的互联模型 047
　　3.3　前沿的技术解决方案 048
　　3.4　Wisegate 模型 050
         3.4.1　架构设计 050
         3.4.2　检查、订阅和数据模型 051
　　3.5　实验部分 054
         3.5.1　物联网节点 6LN 055
         3.5.2　6LoWPAN 边界路由器 6LBR 055
　　3.6　实验结果与结论 057

第 4 章　物联网中的数据管理 061
　　4.1　绪论 061
　　4.2　相关研究 063
         4.2.1　物联网中的安全问题 064
         4.2.2　物联网中的数据质量问题 064
　　4.3　网络化智能对象架构 065
　　4.4　数据质量评估 067
　　4.5　安全评估 068
　　4.6　原型和验证 070

4.7	结论	073

第 5 章　物品万维网推进认知城市发展 ... 078
- 5.1 绪论 ... 078
- 5.2 从智慧城市到认知城市 ... 080
- 5.3 物联网 ... 081
  - 5.3.1 定义 ... 081
  - 5.3.2 架构 ... 082
  - 5.3.3 标准和接口 ... 083
  - 5.3.4 城市中的物联网应用 ... 083
- 5.4 物品万维网 ... 084
  - 5.4.1 定义 ... 084
  - 5.4.2 架构 ... 085
  - 5.4.3 标准和接口 ... 086
  - 5.4.4 城市中物品万维网的应用 ... 086
- 5.5 物联网与物品万维网的比较 ... 087
  - 5.5.1 综合对比 ... 087
  - 5.5.2 智能城市和认知城市的优势 ... 088
- 5.6 结论和展望 ... 089

第 6 章　基于物联网的无线高更新率超媒体流传输 ... 095
- 6.1 绪论 ... 095
- 6.2 超媒体系统传输的高级架构和服务质量要求 ... 097
- 6.3 基于物联网的超媒体传输控制滤波算法 ... 099
  - 6.3.1 网络自适应事件优先级 ... 100
  - 6.3.2 网络自适应感知优先级 ... 100
  - 6.3.3 网络自适应预测优先级 ... 100
  - 6.3.4 网络自适应传输速率 ... 101
  - 6.3.5 网络自适应量化和差分编码 ... 101
- 6.4 测量基于 Wi-Fi 中继器的高更新率数据流的性能 ... 101
- 6.5 结语 ... 103

第 7 章　物联网应用的智能连接 ································ 106
7.1　绪论 ··· 106
7.2　以用户为中心的场景的智能连接 ························· 107
7.3　支持技术和开放挑战 ··································· 110
7.3.1　平台系统功能要求 ······························ 110
7.3.2　协议和接口 ····································· 113
7.3.3　低功耗物联网设计 ······························ 113
7.3.4　无干扰智能连接 ································ 114
7.4　环境辅助生活中的智能互联 ····························· 115
7.5　结论 ··· 116

第 8 章　物联网中基于区块链的数据分析存储系统 ··············· 119
8.1　绪论 ··· 119
8.2　背景和动机 ··· 121
8.2.1　对象存储 ······································· 121
8.2.2　物联网的需求 ··································· 122
8.2.3　智能合约 ······································· 122
8.2.4　物联网数据分析 ································· 123
8.3　蓝宝石系统 ··· 123
8.3.1　区域划分 ······································· 123
8.3.2　物联网设备分类 ································· 124
8.3.3　系统架构 ······································· 125
8.4　动态负载均衡 ··· 127
8.4.1　位置和类型敏感的散列机制 ······················ 127
8.4.2　动态负载均衡 ··································· 129
8.4.3　流量控制 ······································· 130
8.5　物联网设备中基于对象存储设备的智能合约 ·············· 130
8.5.1　物联网设备协调 ································· 130
8.5.2　智能合约 ······································· 131
8.6　物联网数据分析 ······································· 132
8.6.1　物联网用例 ····································· 132

		8.6.2	对象存储设备与 Hadoop 分布式文件系统的连接 ········· 133
		8.6.3	对象管理 ········· 134
	8.7	总结 ········· 135

第 9 章 确保物联网环境下的服务质量 ········· 139

9.1	绪论 ········· 139
9.2	满足服务质量要求的物联网用例 ········· 140
	9.2.1 智能制造 ········· 140
	9.2.2 智能电网 ········· 141
	9.2.3 电子健康 ········· 142
9.3	物联网网络中的服务质量保障 ········· 143
	9.3.1 WirelessHART ········· 143
	9.3.2 6TiSCH ········· 145
	9.3.3 6TiSCH 服务质量 ········· 146
	9.3.4 蓝牙 ········· 148
	9.3.5 蓝牙服务质量 ········· 149
9.4	物联网应用程序的服务质量保障 ········· 150
	9.4.1 数据分发服务 ········· 151
	9.4.2 数据发布服务的服务质量 ········· 151
	9.4.3 CoAP 协议 ········· 152
	9.4.4 CoAP 协议的服务质量 ········· 153
	9.4.5 消息队列遥测传输协议 ········· 154
	9.4.6 消息队列遥测传输协议服务质量 ········· 154
	9.4.7 oneM2M ········· 156
	9.4.8 BETaaS ········· 157
	9.4.9 IoT@Work ········· 159
9.5	未来研究方向 ········· 160

第 10 章 无线传感器网络——物联网基础设施 ········· 164

10.1	物联网应用程序和无线传感器网络的规则 ········· 164
10.2	移动管理 ········· 165

10.2.1 整体移动方向预测方法 ………………………………………… 166
10.2.2 DSHMP：以学习为基础的移动方向预测方法 ……… 167
10.2.3 初始网络设置 …………………………………………………… 168
10.2.4 移动预测 …………………………………………………………… 171
10.2.5 移动管理——早期阶段 ……………………………………… 172
10.2.6 自愈 …………………………………………………………………… 173

第 1 章
工业物联网中基于无线射频识别技术的多级感应网络

S.阿门多拉，C.奥基乌齐，S.曼扎里，G.马罗科

摘要：本章提出了一种完全依靠无源无线射频识别（Radio Frequency Identification，RFID）设备的无线感应网络，可应用于正在兴起的工业物联网（Industrial IoT）。该网络具有分级结构，可对装有工业设备的复杂环境进行多级监测。特制的无线射频识别板可容纳多种传感器，既能捕捉环境参数（例如温度、湿度和光线强度），又能捕捉人类与物体的交互活动，同时凭借多条天线结构可选择受监测的空间区域。该网络体系可对众多复杂环境进行实时监测，包括环境的主要变化、（非）授权进入关键领域以及设备的篡改和过度使用等诸多情形。此处提及的传感网络体系极具潜力，其潜力最终通过监测一台真正的二级变电站得以体现。

1.1 引言

除了在连通性、游戏、休闲和智能家居方面带来开创性的革新，当前物联网的发展也在加速推进着现代制造业、能源、农业、交通和许多其他产业的发展，而在这些产业领域中提高人机交互能力或许可以创造前所未有的技术发展和经济机遇[1]。收集环境和过程信息将会提高控制复杂体系和预测未来发展的能力，从而优化生产过程，增强安全性能，以及提高整体的生产效率。因此，物联网的这种特殊应用，即工业物联网，指的是无线传感器网络系统。该系统具有高度的自主性和可重构性等特点，而最重要的特点是该系统成本低、耗能少、程序简单。传感器也会安装到现存的设备中而不损害其完整性，目的

是逐步升级传感器的功能从而长期实现行业完全自动化、弹性化、网络化和数据化[2]。

近年来，应用于周围环境监测、个人追踪、冷链以及生产控制的自主无线传感器已经得到很大改进，这主要归功于测评良好的无线射频识别标准EPC C1G2，该标准目前除提供基本识别功能之外，还可实现感应功能[3]。紫蜂（ZigBee）、蓝牙和无线局域网之类的无线技术需要较多的维护措施，相比之下，这类传感器只需要极少的维护措施即可[4]。实际上传感器所需能量来源于外部的询问器，这类询问器可以与多种传感器交互，进而实现单点到多点连接，极大地缩短了电线长度。依靠小型电池和太阳能电池板之类的能量收集设备也能进行低电量的传感活动，同时可依靠电磁反向散射的方式来实现通信，因此这类通信可看作是被动式的。众所周知，物联网和无线射频识别技术的结合可真正促成学者们所说的"物联网最后几米"的实现，例如物联网系统中物理层的实现[5-8]。

目前，市场上可见到的无线射频识别自主传感器以及全球研究实验室所用的传感器可以分为两类：①针对物品级应用的低成本和定性模拟标签传感器；②可对物理参数进行准确化、多样化采样并具有中等成本的电子数字标签的传感器。第一类传感器主要包括传统的无线射频识别无源标签，可利用标签天线和环境之间的相互作用来间接收集传感信息，因此可能受到诸多不确定性来源的影响[9]。相反，后一类传感器具有真正的甚至商用现成品或技术（COTS）式传感器[10-14]，而且擅长收集精确数据。此外，此类传感器的成本目前在不断下降，因此也非常适合大规模应用。

尽管最近学术界和工业界提出了许多基于无线射频识别传感器的例子，但是对完全基于无线射频识别技术的全自主无线传感器网络的应用仍处于萌芽阶段。早期一些成功的案例有人类活动监测[15, 16]、人类和物体的测距及定位[17]、公交车队监测和调度[18]，以及工作场所安全管理[19]。

据我们所知，本章首次介绍了基于无线射频识别技术的工业传感器网络系统的完整设计和实现。通过在机械装置和周围环境中合理结合上述两类模拟和数字无线射频识别传感器，该系统可应用于管道、智能电网和发电厂等重要基础设施中。其目标是要创造一个可适用于工业场景的自主且易于重新配置的无线传感器网络系统，而且对现有基础设施尽可能造成最小的影响。整个网络系统和传感器架构应为模块化和可扩展的，例如应包括几个可轻松重新定位到环境中的传感设备。本章讨论该网络系统的硬件和软件组件的设计，包括：该网络系统的多级结构；一种新的多功能无线射频识别传感板的拓扑结构；相关控制和协调软件的应用；在真实环境中对该网络系统的部署和一些多参数监测实例。

1.2 无线射频识别传感器网络系统的结构

此处提及的无线射频识别传感器网络系统（RFID-SN）是一种适用于实现空间选择性和感测选择性的多级分层架构（图1-1）。从逻辑角度来看，用于观测的空间被划分为 M 个区域。每个区域包含 N_m 个利益相关性事件，并且第 nm 个事件具有 K_{nm} 个属性，能够被实时监测。最后，正确处理这 K_{nm} 个属性（单独或组合）就会定义一个事件，例如与工业基础设施相关的任何事件。该方案可通过同轴电缆连接到发送或接收天线（A_m）的多通道询问模块来实现，该模块即无线射频识别读取器。

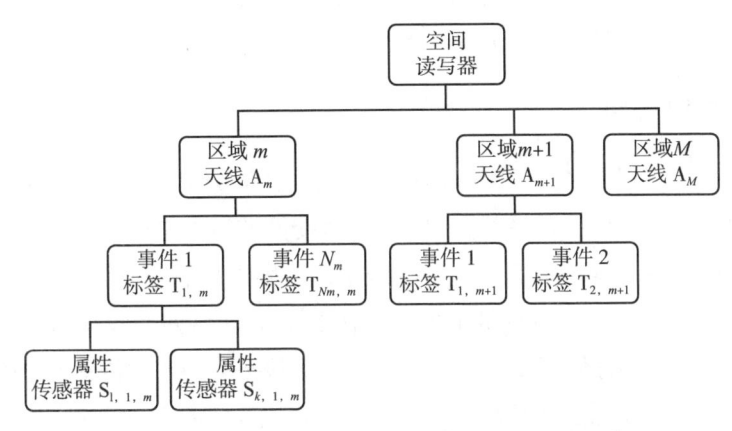

图1-1 无线射频识别传感器网络的多级分层结构

天线会询问适当分散到环境中的不同无线射频识别传感器标签（T_{nm}）。空间内每个天线的电磁覆盖范围决定了区域的扩展性，而空间则取决于天线增益、辐射功率以及电磁场与附近环境的相互作用[20]。无线射频识别传感器标签（模拟或数字标签）会识别要监视的事件，并且可以与一个或多个感测机制相融合，产生关于事件本身的 K_{nm} 个属性的测量数据。因此由该架构产生的独立信道的数量 C 如下（每个信道代表着来自某一标签的一个传感器信号），以读取器节点收集的信号数量 {S$_{knm}$} 为例：

$$C = \sum_{m=1}^{M}\sum_{n=1}^{N}K_{nm} \qquad (1-1)$$

读取器节点由嵌入读取器单元本身或远程系统中的控制和命令软件操控。不同区域的读取器可通过以太网或无线局域网连接到更高级别的网络，不过对该网络的介绍不在本书的范围之内。

此架构有很大的自由度可实现就地物理再配置（传感器的添加、移位和拆除）以及相应空间中的监视粒度。此外，此架构还可以对辐射功率进行远程动态处理，即能够动态修改从读取器甚至单个询问天线发出的辐射功率，用于适当拓展区域，并将可用资源集中在能监测到异常事件的最关键区域。

利用反向散射调制原理，读取器的天线可以与各种类型的标签进行交互：传感器用于数据采集所需的能量可直接从询问系统辐射的电磁场中拾取，并且标签在与读取器交互时不会浪费任何能量。读取器单元还能够根据动态策略按时段与传感器进行交互，因此可周期性地激活所有波束来控制整个空间区域，或者也可触发少量的读取器天线从而以更高的数据传导速率来控制子区域。

1.2.1 模拟信号

模拟标签（传统的无线射频识别标签）被转移到了空间中可移动的部分上，如橱柜窗户、移动设备以及访问入口和受到监控的基础设施关键区域的墙壁上。这些标签产生的数据是电磁场级别的，即以接收信号强度指示（RSSI）的形式，而这些标签在询问期间会向读取器的 A$_m$ 天线进行反向散射。在初始校准期间，系统会存储环境电磁指纹，即静止状态下的各种传感器产生的接收信号强度指示（如同防盗系统）。因此，人在内部的移动，与门、柜或其他重要设备产生相互作用等环境中发生的任何几何变化都会产生向后散射场的环境调制（environmental modulation），而且系统会认为这一变化干扰了读取器收集的接收信号强度指示。

因为存在与测量结果相关的不确定性[9]，所以这些模拟无线射频识别标签由于能够提供正常和异常工作条件下对比强烈的事件信息而受到青睐，可用作阈值传感器。检索感测数据的智能区域主要集中在读取器一侧，而读取器可以设置检测和分类算法（此处未涉及），这些算法可应用到原始接收信号强度指示数据上来识别特定事件（基于无线射频识别模式中的一些观点）[15, 21]。工业环境中典型的阈值事件包括淹没、门和柜的开关以及人在现场所造成的阴影或散射。这类传感器的特殊性在于，工作人员佩戴的无线射频识别徽章能够在关键区域由系统识别出来[22]，具体可见下文即将讨论的真实案例。

值得注意的是，在大幅度改变特定标签附近的环境时，可能需要重新校准事件的检测算法，例如，放置了一个新的大型物体或者重新放置一个柜子，都可能会大大改变一些标签的向后散射能力。因此，必须重新调整用于识别异常事件的预定义接收信号强度指示阈值。相反地，尤其是在应用了阈值检测的情况下，小型物体与特定标签相距甚远，那么像该物体的替换、移动或添加所造成的微弱几何变化带来的影响就可以忽略不计。无论如何，这些静态伪像可以通过远程请求选择信号基线或自动算法全部消除。

1.2.2 数字信号

数字标签具有特定的内部或外部传感器，这些传感器可以在观测到特定物理参数（如光线强度、湿度、温度、变形程度、放射性强度等参数）后产生相应的量性数据。即使传感器局部计算能力很一般并且受限于其处理能力和配置条件，数字标签也必须被看作真正的多通道传感器节点。另外，因为传感板的逻辑单元可以根据读取器的请求选择性地激活一个或多个传感器，所以每个标签再现了针对无线射频识别传感器网络系统一般架构的全局多级结构。此外，数字标签产生的数据可直接用于远程释义。

整体而言，通过使用单一基础设施和单个通信协议，无线射频识别传感器网络系统能够检测互不关联的事件，还能够收集物理参数连续变化的数据。

1.3 可配置的无线射频识别传感电路板

无线射频识别传感器网络系统的核心部分是一种专有数字标签，以下称为无线电板（Radio-board）。该电板可实现多通道无电池采样和环境参数传输。

无线电板基于一系列新型无线射频识别芯片转发器[10]，可提供原生集成电子电路，除具备纯粹识别功能之外还可用于其他感应活动。特别地，所选集成电路（IC）包括一个模拟数字转换器（ADC），该转换器能够控制两个外部模拟传感器，还能控制一个可编程动态范围区间在 -40 ~ 50℃的集成温度传感器。该集成电路可用于全无源模式（同步模式），也就是激活和操作所需的能量可全部从远程询问器发出的电磁波中获取；或者，在电池辅助模式下可实现半无源模式，即本地电池提供的额外能量可提高集成电路的灵敏度（从 -5dBmW 降至 -15dBmW）用于扩展读取范围。最重要的是，本地电池提供的额外能量即使在没有读取器（异步或数据记录模式）的情况下也能实现定期测量。只要功耗适用于低功率应用，连接芯片的附加传感器可以是任何电阻、电容或光学设备。

为了掌握集成电路提供的各种功能，应答元器件经过了精心设计，使其能够在多种辐射和传感模式下操作集成电路（IC），同时利用相同的母印刷电路板（PCB）布局，以加速新产品的原型设计和定制。

理论上来说，无线电板（图 1-2）由三部分组成：①由弯折线天线（MLA）制成的辐射元件；②连接在集成电路和调谐电感器的 L_T 上的螺旋阻抗变压器；③电池和传感器互连的额外扩展迹线。

可辐射弯折线天线元件和螺旋迹线都会在几个点上（可辐射弯折线天线元件中的迹线间隙 M 和螺旋迹线中的迹线间隙 N）部分中断，另外两个间隙（SW1 和 SW2）会将变压器与可辐射弯折线天线元件分开，该设备普遍被称为多端口天线。通过恰当选择调谐电感器和相连接的迹线间隙的子集，可以改变天线上表层电流的分布以及相应的阻抗和增益，用于特定的应用和进行定位。例如，作用于可辐射弯折线天线时，天线的尺寸改变了，因此其增益和阻抗也会改变，而通过连接某些迹线间隙，螺旋迹线就可以根据特定微芯片的需要放大或缩小。最后，依据 SW1 或 SW2 端口的状态，该电路板就可作为可调谐的独立无线射频识别传感器电路板（SW1 闭合且 SW2 打开）应用到低电容率和低损耗材料上，也可作为包括传感器、芯片和螺旋变压器在内的基本模块（SW1 打开且 SW2 关闭）对外部天线进行电磁耦合，例如用于金属或混凝土墙上的贴片增强器。

图 1-3 展示了仅通过连接可辐射弯折线天线元件的迹线间隙或仅通过螺旋变压器（$Z_C = 31-j330Ω$）的情况下，在自由空间内对无线电板模拟实际增益[23]的参数研究。在前一种情况下，用短路替换迹线间隙能产生大约 10MHz/gap 的恒定偏移。相反，在后一种情况下，替换的效果不太均匀，但仍然适合于阻抗的精确调谐。最终，在电感器的作用下，剩余天线电抗可以得到调节，从而将实际增益的峰值最大化。

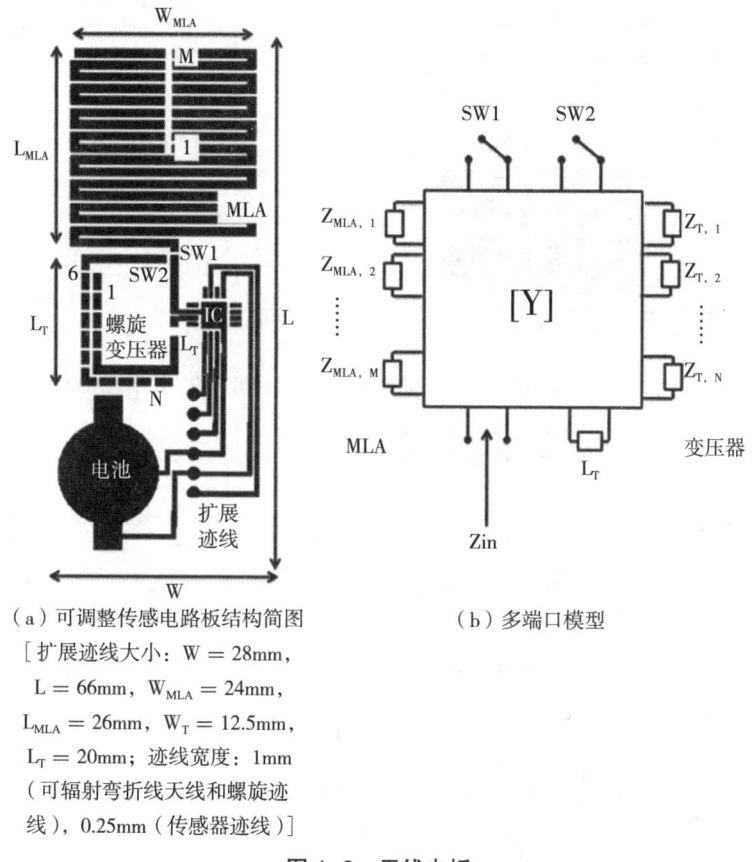

(a) 可调整传感电路板结构简图
[扩展迹线大小：W = 28mm,
L = 66mm, W$_{MLA}$ = 24mm,
L$_{MLA}$ = 26mm, W$_T$ = 12.5mm,
L$_T$ = 20mm；迹线宽度：1mm
（可辐射弯折线天线和螺旋迹
线），0.25mm（传感器迹线）]

(b) 多端口模型

图 1-2　无线电板

此处通过两个示例来探讨前述天线结构的潜力，示例包括可在空气中辐射的完全独立电路板，还包括置于外部贴片增强器上的用于金属和混凝土墙壁的完全独立电路板。

通过蚀刻 0.8-mm FR4 印刷电路板可制造电路板原型，也可以灵活配置 Kapton 基板。

在第一个示例中，配置 SW1 和 SW2 间隙后使得可辐射弯折线天线元件与输入部分的设备完全连接。图 1-4 展示了优化后的实际增益接近 0 dB @ 868 MHz，表明测量值和模拟值几乎一致。

在第二个示例中，电路板由双折叠贴片[24]支撑以减少对金属和有损材料的影响。在这种情况下，配置 SW1 至 SW2 的间隙能使可辐射弯折线天线元件与输入部分设备完全断开。随后，螺旋环会与增强器的辐射槽进行电感耦合。

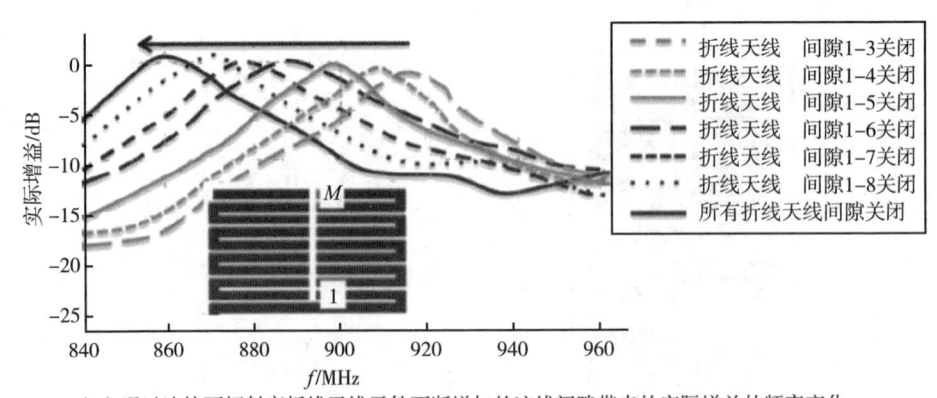

(a)通过连接可辐射弯折线天线元件不断增加的迹线间隙带来的实际增益的频率变化

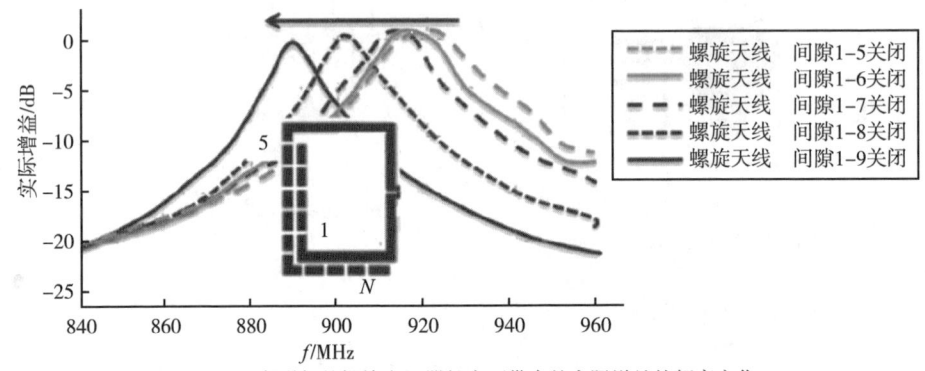

(b)通过不断增加的螺旋变压器长度而带来的实际增益的频率变化

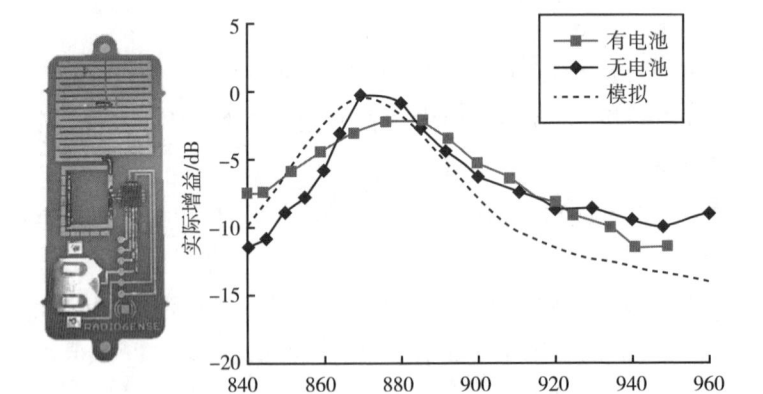

图1-3 无线电路板调谐示例

(a)原型　　　　　(b)模拟和测量的实际增益

图1-4 独立的无线射频识别电路板优化后在空气中的超高频（UHF）频段运作

（优化参数 $L_T = 47nH$，SW1 =关闭，SW2 =开路，$Z_{T1,10} = \infty$，$Z_{T11-15} = 0$，$Z_{MLA1} = 0$，$Z_{MLA2-6} = \infty$）

贴片上电路板的数字多端口特性还包括一个无限大的接地平面，标签能够附着其上。如图 1-5 所示，配备贴片增强器（75 mm×40 mm×3 mm）[24]的电路板，经过优化可适用于 UHF 频段的金属加工。该装置尽管无限贴近接地平面，但却显示出可观的实际增益（配置或不配置电池均可）。不过，若配置电池，实际增益就会变差。与无电池配置相比而言，这可能要归咎于寄生电流，因为该电流能通过电池迹线流入集成电路，若周围存在金属层，寄生电流会更强。

（a）原型　　　　　（b）模拟和测量的实际增益

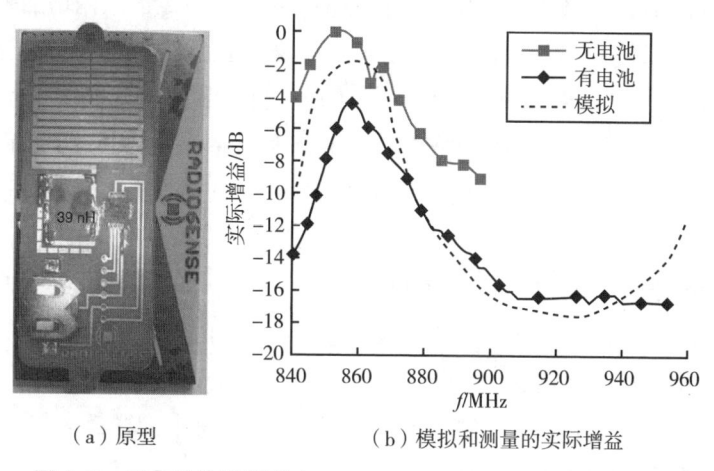

图 1-5　配备贴片增强器（75 mm×40 mm×3 mm）的电路板

（优化参数 L_T = 39nH，SW1 =开路，SW2 =接近，$Z_{T1,3}=0$，$Z_{T3,10}=\infty$，$Z_{T11,15}=0$，$Z_{MLA1,6}=\infty$）

表 1-1 展示的是，当读取器发射出 3.2 W 等效全向辐射功率（EIRP）时，在两种可实现的操作模式下，电路板在 868 MHz 实验条件下读取的距离范围。

即使传感器计算能力很一般，并且受限于其处理和配置能力，数字标签也必须被视为真正的多通道传感器节点。因为根据运行在中央单元控制软件中和通过 A_m 读取器天线发送到集成电路的特定命令，电路板的逻辑单元可以选择性地激活一个或多个传感器，所以每个标签都在最底层再现了无线射频识别传感器网络系统架构所具有的模块概念。

表 1-1　不同操作模式下无线电路板的读数

单位：m

操作模式	在空气中	在带有贴片增强器的金属/混凝土中
无电池式	2	2.3
电池辅助被动式	6.5	7

1.4 控制和协调软件

无线射频识别传感器网络系统由 C# 编写的软件模块（以下称为 RadioScan）管理，该模块实现了对图 1-1 中多级分层体系网络结构的远程控制。该网络结构在与 RadioScan 相关的可扩展标记语言（XML）文件中得以体现。而 XML 文件可在运行时进行修改，以实现对该网络系统的动态控制。例如，可从异步模式切换到同步模式，还可以在发生疑似异常事件时在特定区域内增加采样时间。

图 1-1 可说明配置文件的作用。RadioScan 通过以下方式设置传感器网络的操作配置：①选择要控制的空间区域（通过打开和关闭读取器相应的天线）；②根据每个读取器天线发出的采样率、频率和功率来决定区域的特定询问方式；③选择每个要监测区域的事物和相关属性（通过启用或禁用标签及激活嵌入式传感器）。

图 1-6 是一个配置文件的示例，该文件描述了由 4 个读取器天线组成的网络系统，而这些读取器天线根据 {1，2，4，3} 的顺序旋转，并且功率为 31 dBm，频率为 868 MHz。此外，网络配置 <NetworkConfiguration> 节点中定义了该网络的空间结构，在该部分说明了读取器的每个天线都会与空间中相应区域内受询问的标签列表相关联（ZONE1 name = "tag_list_A.1"）。而配备多个传感器（type = "RadioBoard"）的无线电路板需要额外的字段来选择板载传感器和相应传感器前端的设置，例如传感器的类型、决定传感器动态范围和分辨率的电压级别以及具备数据记录功能的参数。

软件的输出结果如下：①包含当前网络配置（工作状态的读取器天线和相应的检测传感器）的日志文件，该文件可在软件启动运行时自动保存；②包含时间戳的格式化字符串以及当前询问周期内每个标签带有的（多个）传感器数据。此外，该字符串既能存储在本地文本文件中，也能通过以太网端口进行流式传输而实现远程操控。

在一个近似完整的体系结构中，这些输出结果可以由上层决策层（相关说明不在本书阐述范围内）进行实时访问，该决策层可实施检测算法[15]，并在必要情况下向控制软件发送某些输入指令而实现网络更新。如果每个传感节点都可以通过软件进行重构[25]，那么毫无疑问，无线射频识别传感器网络作为一个整体就能拥有自我配置能力，而这是实现物联网平台的关键要求。此外，标签到标签之间的直接通信功能原则上可通过完全后向散射模式得以实现，从

```
<InterrogationSettings>
    <add key="FrequencyRegion" value="European" />
    <add key="Frequency(MHz)" value="868" />
    <add key="Power(dBm)" value="31" />
    <add key="ReaderAntennas" value="1243" />
    <add key="Mode" value="RealTime" />
    <add key="SamplingTime(sec)" value="1" />
    <add key ="TCP/IP_stream" value = "true"/>
</ InterrogationSettings >

<NetworkConfiguration>
<ZONE1 name="tag_list_A.1">
    <tag name="T1" type="analog"></tag>
    <tag name="T2" type="RadioBoard
    
    Sensor Enabled ( RSSI="true" Temp="true"
                    Ext1="false" Ext2="true" Battery="false")
    
    Sensor Types    (Sensor1="-" Sensor2="Light")
    
    Sensor Front-End Settings (V1="210" V2="310" ground="false"
                    Rref="8" current="31"....)
    
    DataLogger Settings (State="Start" Interval="1"
                    Delay="6" Storage="normal"
                    Form="outoflimits"...)</tag>
    <tag name="T3" type="analog"></tag>
</ZONE1>
<ZONE2 name="tag_list_A.2">
    <tag name="T4" type="RadioBoard
    Sensor Enabled ( RSSI="true" Temp="true"
                    Ext1="false" Ext2="true" Battery="false")
</ZONE2>
```

图1-6 配置文件定义网络系统配置示例

而在未来加速实现节点之间的自主数据交换，如更复杂的 M2M 设备节点[26, 27]。

1.5 电厂中物理安全措施的应用

上述无线射频识别传感器网络系统比较有价值的一种应用便是用于保护关键基础设施免受网络和物理攻击。安全性，本意即防御网络攻击和威胁，历来从未被认为是管道、智能电网和发电厂等关键基础设施中的突出问题，即使最近的几起重大事件都证明了网络和物质世界之间的联系之紧密[28]。

在欧洲"地平线2020"项目框架下,"可信数据采集与监视控制系统和智能电网的安全问题"项目（Security in trusted SCADA and smart-grids），即"剪刀"项目（SCISSORS，www.scissor-project.com），探讨了全盘多层次的安全监测和缓冲框架的设计。该项目涉及所有与部署关键基础设施有关的问题，例如对环境、网络流量、硬件和软件系统组件、访问基础设施的人员，以及对控制过程本身的独立监测的控制。"剪刀"项目的环境感测和监测层必须装有所提出的无线射频识别传感器网络系统。

第一版无线射频识别传感器网络系统部署于罗马第二大学并在其电力变压器二级变电站内进行了初步测试（图1-7）。与其他智能电网变电站相似，该配电室位于建筑物的地下室内，是限制进入区域，里面配有两个工作变压器、若干控制柜、若干发电机和多个高功率电缆束。

1.5.1 受检测事件

受检测事件指的是授权或未授权进入配电室、可能发生的机器篡改、湿度变化和敏感区域的淹没，以及线束的功率过载。为实现检测目的，无线电板配备了湿度和光线传感器及外部高温探头。模拟标签也可用于检测配电室的入侵事件和机械变化。因此通过处理空间内单个事物的单个属性或通过处理其组合属性，每个事件都可以得到检测（表1-2）。

1.5.2 网络配置

无线射频识别传感器网络系统的配置如图1-7（b）所示。连接到4个天线（圆形和线性极化贴片）的1W远程无线射频识别读取器（ThingMagic M6E[29]）可用于监测配电室中的4个不同区域（$M=4$）：入口（A_1）；电气柜和电能表（A_2）；淹没敏感区（A_3）；高功率电缆束（A_4）。该组无线射频识别系统标签（表1-3）包括5个无线电板、嵌入式异构传感器和4个模拟传感器标签[22]，以下称为W标签。后者属于平台可识别标签，作为可穿戴徽章能用于操作员的自动访问识别，还可作为大门和电气柜窗户上的接收信号强度指示标记，用于检测与人可能发生的交互活动，甚至可以部署在地面和墙壁上以进行淹没测控。该网络系统的总通道数为$C=10$。

测量在关闭（静止）和操作（动态）条件下进行。表1-2中列出的关键事件是在志愿者的帮助下进行的多次模拟实验。

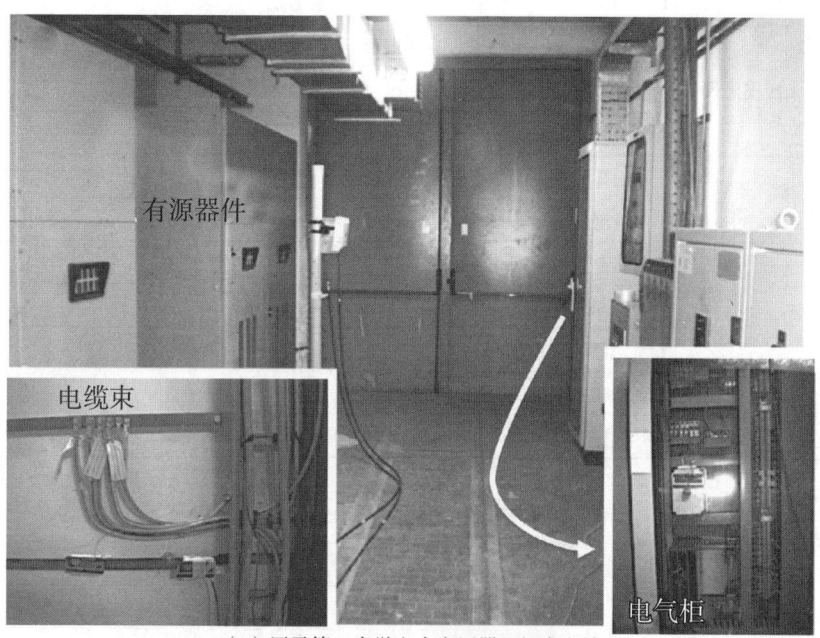

第 1 章 工业物联网中基于无线射频识别技术的多级感应网络

（a）罗马第二大学电力变压器二级变电站

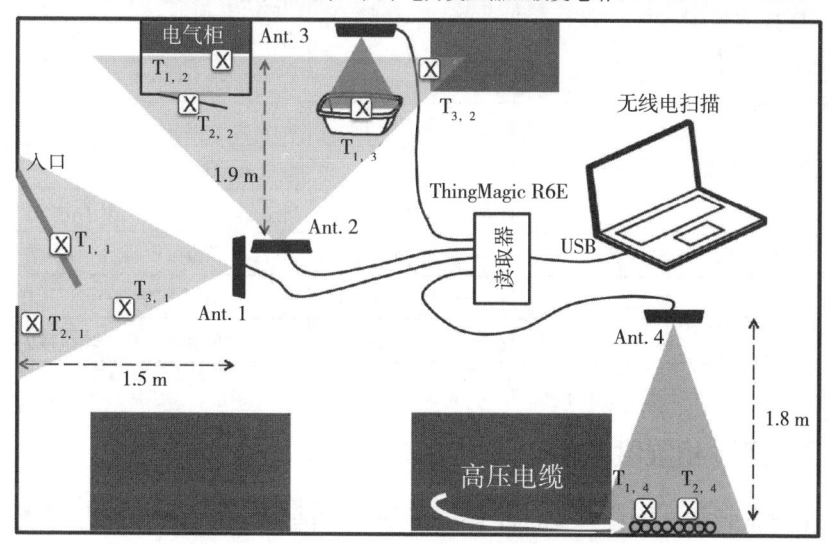

（b）无线射频识别系统
（灰色三角突出显示了每个天线的可读区域）

图 1-7 第一版无线射频识别传感器网络系统

表 1-2 通过电子客舱内的无线射频识别系统检测事物的待测属性

事件	配置方法
授权/未授权接入	安装在入口门上的信号强度指示标签
	包含 ID 码的可穿戴标签
	灯 开/关
淹没事件	固定在地板上的信号强度指示标签
	环境湿度
线束过载	电缆自身温度变化
	电缆捆束物温度变化
	(高温和低温阈值)
电气柜开启	安装在电气柜窗上的信号强度指示标签
	电气柜仓内温度变化

表 1-3 网络布局

天线(区域和事件)	标签	感应方式
A_1: 区域 1(授权/未授权进入)	$T_{1,1}$——W-tag	$S_{1,1,1}$: 信号强度指示
	$T_{2,1}$——Radio-board	$S_{1,2,1}$: 信号强度指示
		$S_{2,2,1}$: 灯光指示
	$T_{3,1}$——W-tag	$S_{1,3,1}$: 信号强度指示
A_2: 区域 2(电气柜开启及淹没事件)	$T_{1,2}$——Radio-board	$S_{1,1,2}$: 温度(内置传感器材)
	$T_{2,2}$——W-tag	$S_{1,2,2}$: 信号强度指示
	$T_{3,2}$——Radio-board	$S_{1,3,2}$: 相对湿度(HCZ-D5 传感器)
A_3: 区域 3(淹没事件)	$T_{1,3}$——W-tag	$S_{1,1,3}$: 信号强度指示
A_4: 区域 4(线束过载)	$T_{1,4}$——Radio-board	$S_{1,1,4}$: 温度(PT1000)
	$T_{4,4}$——Radio-board	$S_{1,2,4}$: 温度(内置传感器材)

1.5.3 淹没和湿度变化

淹没是智能电网中常见的事件,特别是在基础设施包括几个地下配电室时更是如此。在部分淹没的情况下,放置在地板关键区域上的 W 标签反向散射出的信号会受到强烈扰动。最终,当水明显浸没标签时,周围使天线失谐的介质的电磁参数会突然变化,因此读取器将无法检测到标签。除了对该阈值的检测,配有相对湿度传感器的无线电板也可检测淹没导致的环境相对湿度

（％RH）的异常变化。

把塑料盆填满水便可模拟淹没事件（图1-8）。在盆底放置一个W标签（$T_{1,3}$），正常条件下（没有水的条件下），天线A_3能检测到标签具有稳定的收集接收信号强度指示（$S_{1,1,3}$）。之后一旦标签被液体覆盖，就无法得到匹配，天线也无法读取数据。

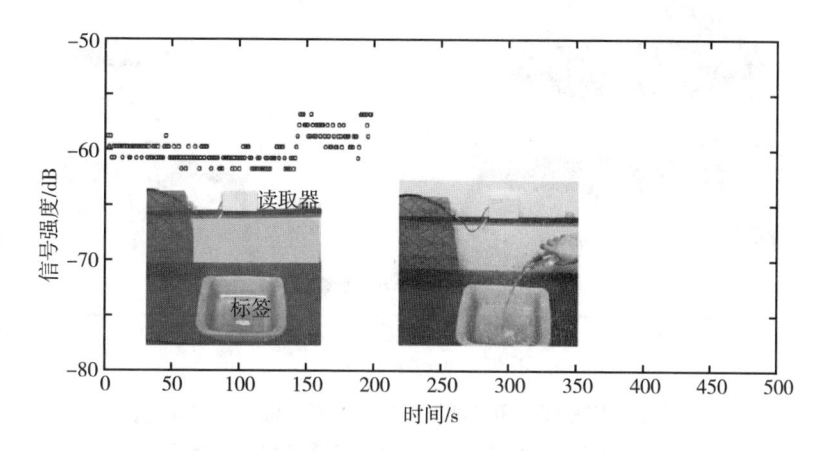

图1-8　模拟淹没事件时，$T_{1,3}$模拟标签发出的向后散射功率

相反，将配备有湿度传感器的无线电板$T_{3,2}$与一块湿棉花一起放入玻璃罩中可模拟湿度变化情况。关闭玻璃罩时，内部相对湿度会逐渐增加至饱和。一旦打开顶部盖子，内部相对湿度就会迅速恢复到初始条件。图1-9示例了几个打开/关闭循环周期中，传感器（$S_{3,2}$）阻抗值的变化与天线A_2检测到的湿度水平成反比。

1.5.4　线束过载

配电室内变压器的异常工作负载可能会在配电电缆上产生高强度电流。包括内部温度传感器和（或）连接到外部的高温探头的无线电板可以放置在电缆束上以监测其表面温度，表面温度与流入电缆本身的电流有关。这些传感器还可用来间接获得关于线束介电绝缘体的老化信号。

在本实验中，通过使用热风枪手动加热配电室内两个线束可再现一些功率过载事件。图1-10显示了两个无线电板（$T_{1,4}$和$T_{2,4}$）检测到的温度（$S_{1,1,4}$和$S_{1,2,4}$）。这两个电板粘在两条沿着配电室周边墙壁敷设的电缆上。第一个电板配备了铂热电阻（PT1000），其最敏感部分可与电缆直接接触；第二个电

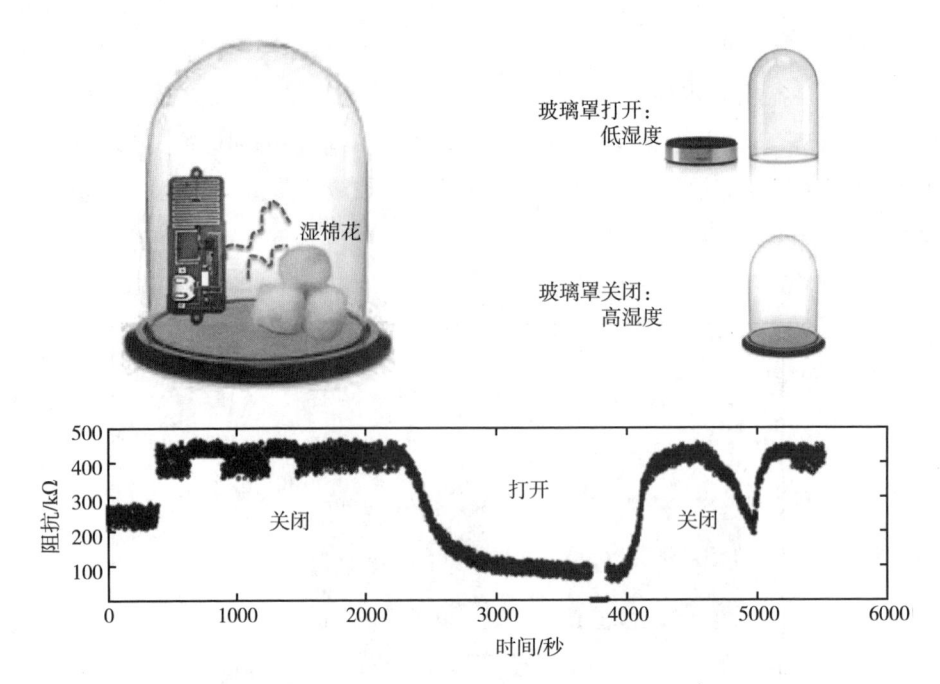

图 1-9　打开或关闭玻璃罩引起的周期性湿度变化期间，
连接到无线电板 $T_{3,2}$ 的湿度传感器所测出的阻抗

板可通过内部传感器检测温度。

1.5.5　配电室访问和电气柜开启

　　正常情况下，配电室的大门是关着的，室内完全黑暗。放置在入口附近的无线电板 $T_{2,1}$ 装有光传感器，因此可收集微弱的光信号。如果有人打开或者移动大门并进入了配电室，系统就能检测到增强的光线信号（来自外部或由手电筒及其他光源发出的光线信号），还能检测到室内射频（RF）指纹的失真，这是由于人的移动会扰乱读取器天线产生的电磁场。最后，如果试验者拥有无线射频识别徽章，那么默认网络系统就能够验证其身份并授权此人进入配电室。例如，维护人员就可按此种方式进入配电室。

1.5.5.1　授权进入

　　图 1-11 为技术人员从授权访问进入配电室和与设备交互的屏幕截图。图 1-12 显示了当授权技术人员进入配电室进行正常维护时由传感器网络记录的信号子集。在初始参考条件下，室内的灯是关闭状态（无线电板 $T_{2,1}$ 的 $S_{2,2,1}$ 信号），控制门禁（$T_{1,1}$）和机柜开启（$T_{2,2}$）的 W 标签会发送回稳定的接收信号

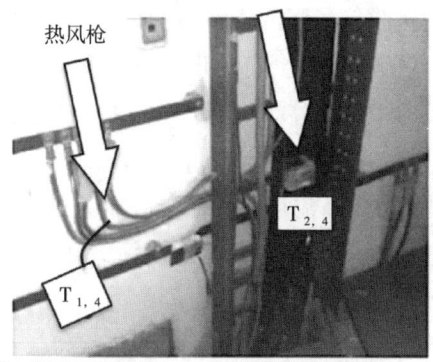

（a）功率过载的两根电缆，备了无线电板$T_{2,4}$（内部温度传感器）和$IT_{1,4}$（外部PT1000的温度传感器）

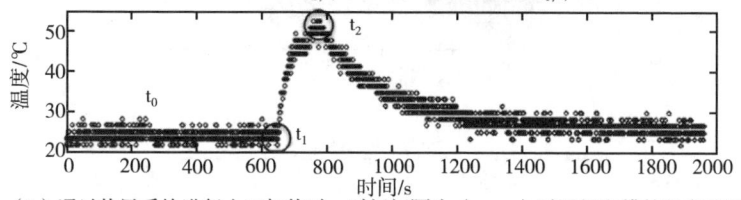

（b）通过热风手枪进行人工加热时，时间间隔为(t_1, t_2)时两根电缆的温度记录

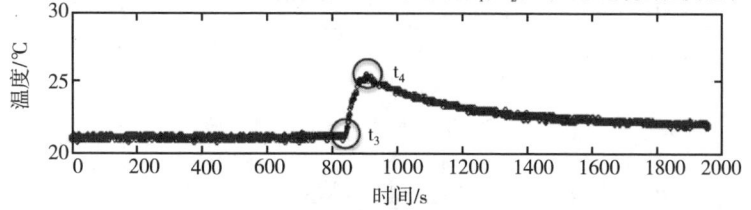

（c）通过热风手枪进行人工加热时，时间间隔为(t_3, t_4)时两根电缆的温度记录

图1-10 功率过载事件中两个无线电板检测到的温度

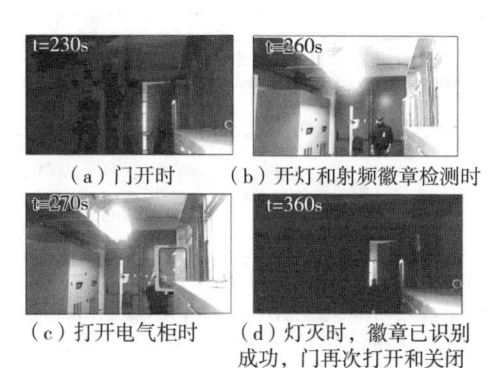

（a）门开时　（b）开灯和射频徽章检测时

（c）打开电气柜时　（d）灯灭时，徽章已识别成功，门再次打开和关闭

图1-11 从授权访问进入配电室和与设备交互的屏幕截图

强度指示值。周围环境则不会检测到授权人员（可穿戴标签 $T_{3,1}$ 会发出空信号）。如果传感器 $T_{1,1}$ 收集的接收信号强度指示值明显下降，那就表明通道门已开。

如图 1-11 所示，紧接着系统会自动识别进入室内的人，并通过其徽章身份（$S_{1,3,1} \neq 0$）将其分类为"获授权人员"。随后技术人员打开灯（$S_{2,2,1}$ 切换到 ON 状态），并打开电气柜（门柜 $T_{2,2}$ 上的传感器不会在打开位置读数）来执行正常操作，无须调节设备温度。最后，技术人员走近出口并关灯，系统会再次检测其徽章并记录出入状况（图 1-12）。

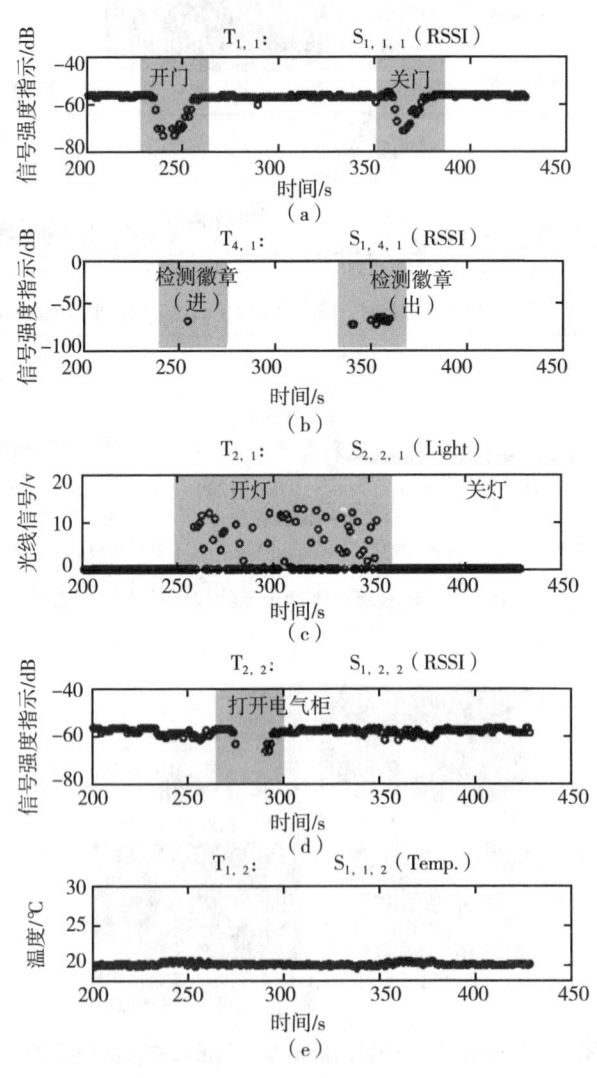

图 1-12 在授权接触电气柜的情况下由无线射频识别传感器网络收集的信号子集

第 1 章 工业物联网中基于无线射频识别技术的多级感应网络

1.5.5.2 未授权进入和攻击

在第二个实验中，进入房间的是一个入侵者，即此人没有佩戴任何射频识别徽章。他拿着手电筒在黑暗中行走，打开了电气柜的窗户，并且人为地提高了内部设备的温度来模拟篡改事件（图 1-13）。无线射频识别传感器网络系统的多级参数记录如图 1-14 所示，原理如下：当入侵者进入室内时，标签 $T_{1,1}$ 会发出受扰动的接收信号强度指示，系统能通过此种方式识别出门已被打开。由于未检测到预先注册的 ID 代码，因此该人员可被归为入侵者。随后，传感器 $T_{2,1}$ 会在短时间内显示出光线强度变化情况，表明入侵者仅开灯几秒钟或使用了手电筒。传感器 $T_{2,2}$ 能检测到人与电气柜的交互，而且在此时间段内，电气柜的内部温度还会异常上升（$T_{1,2}$ 的传感器 $S_{1,1,2}$）。温度升高可被视为某个柜门开启导致内部电路可能功率过载的警告。当入侵者从配电室出来时，主门处的传感器 $T_{1,1}$ 会再次检测到入侵者的存在。

（a）门被打开　（b）手电筒指向光传感器　（c）开启和篡改电气柜数据　（d）入侵者逃离

图 1-13　未经授权而强行开门进入配电室截图

1.6　总结和结论

本章描述的监测平台利用模拟和数字信号相结合的处理方式来检测异常事件。

分层体系结构可以灵活轻松地实现对复杂空间环境监测系统的重新配置，还可以捕获用户与附近特定对象的交互活动。专门设计的支持多功能传感和辐射模式的定制转发器，可提供与通过人工焊接调谐元件和无线编程集成电路逻辑单元实现的先制造后配置相同的布局结构。

其中一个需要注意的问题是，系统复杂性如何随受监测空间的大小而变化。询问天线的数量以及相应电缆的数量仅随受监测空间的体积呈线性增长，而与每个区域内事物的数量无关。大多数面向工业的无线射频识别读取器都配

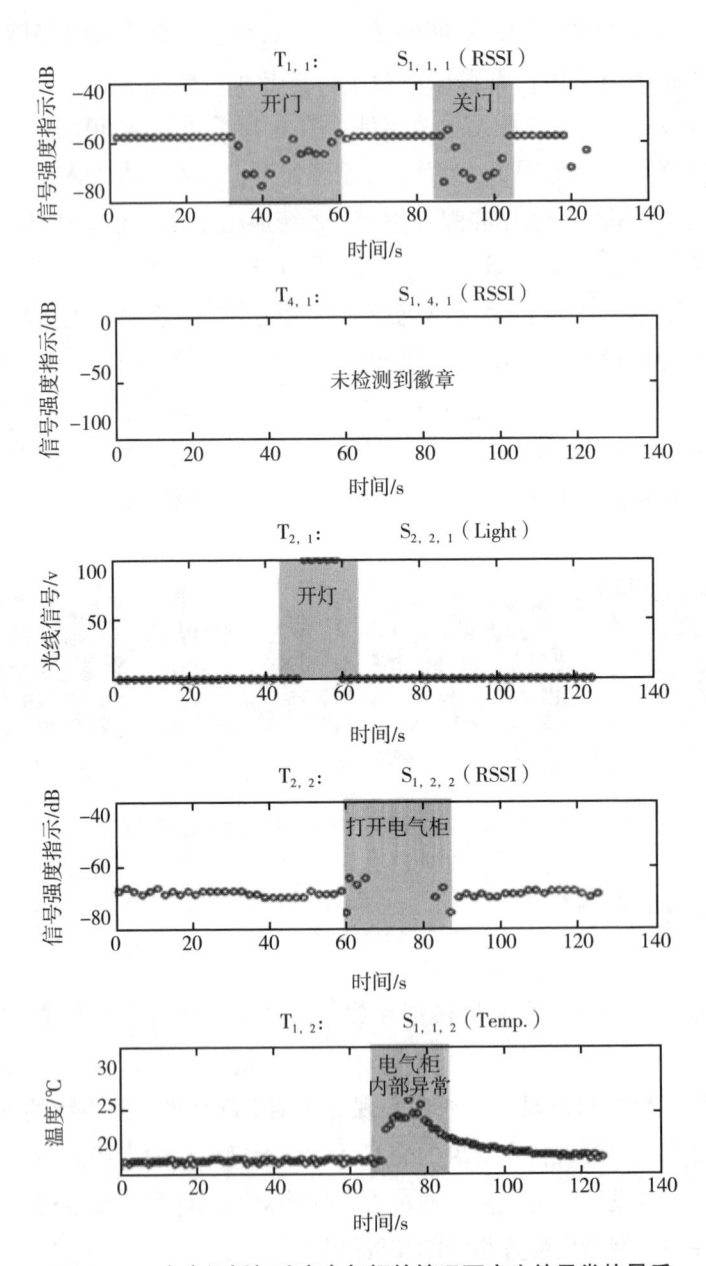

图 1-14 在未经授权改变电气柜的情况下产生的异常热量后无线射频识别传感器系统的测量值

有多个天线端口（最多4个，如案例所示），通过使用电子控制开关可以解决数量更多的天线问题，因此一个独特的集中节点便可监测较大的空间。

实验中安装的网络系统需要不断试错来确定读取器天线的最佳位置，以便网络系统可以正确读取所有标签的信息。不过，这个程序可以通过电磁建模来实现，例如利用附近环境的散射作用以及用于自动天线放置的演化优化算法[30]。

本章提出的解决方案可成功应用于目前已在工业基础设施中使用的监控和数据采集（SCADA）及视频监控系统，从而生成补充和备份数据。

在"剪刀"项目框架内，一座真实的实验台正在意大利法维尼亚纳岛上的一个在用智能电网中运行，这座岛上的无线射频识别传感器网络系统已于2016年9月安装成功并将长期运行。图1-15展示了一个可从任何地方远程访问的仪表板，该仪表板可用来实现所获数据的实时可视化。

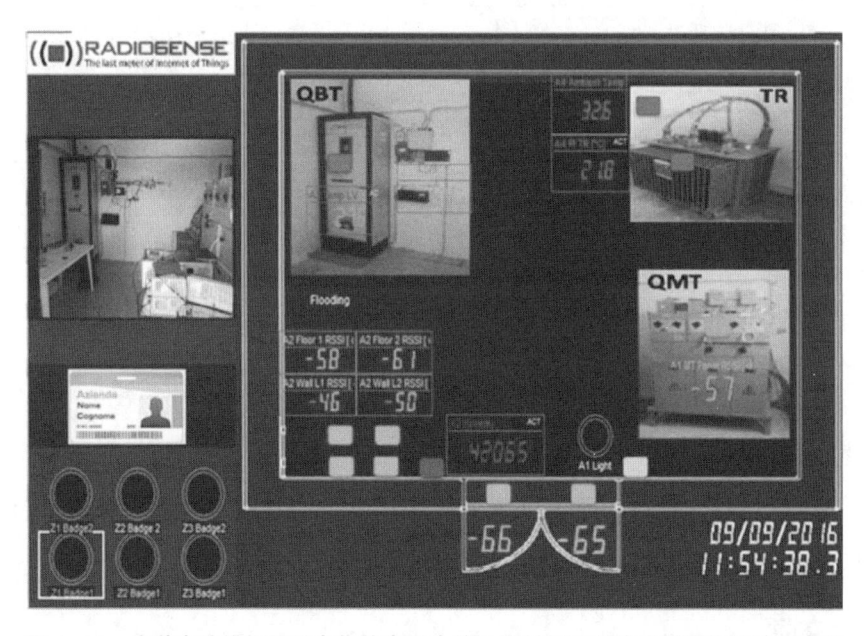

图1-15 安装在法维尼亚纳岛智能电网中的无线射频识别传感器网络系统仪表板

此外，不同于那些环境监测和访问控制所使用的传统有线或无线设备，这些设备因缺少独特的基础设施而受到影响[31]。本章所述的传感器网络系统使用标准化的协议，以及拥有一定市场保有量且已经商用化的成品或技术

（COTS）设备，模式可广泛复制，并有助于实现服务器之间的互操作以及现有工业基础设施一体化。因此，该系统可利用最少的安装、维护以及拆卸的次数和最低成本（参见表1-4可进行定性比较），实现轻松定制组合门禁控制开关、环境以及物位监测的目的。

表1-4 工业物联网技术

成本/收益		无线射频识别传感器	有线传感器	无线传感器
成本	安装	低	高	低
	维护	低	低	高
	功率	低	低	高
	硬件	低	高	高
收益	安全性	高	高	中等
	可扩展性	高	低	高
	可重构性			
	互操作性	高	低	低
	传感器精度	中等	高	高

最后，由于其较弱甚至难以实现的本地计算能力，无线射频识别传感器节点不易受到外部网络攻击，因此整个安全防护系统可聚焦于仅受保护的读取器节点。

致谢

该项工作得到了 SCISSOR ICT（项目编号：644425）的支持，得到了欧洲委员会信息和通信技术 H2020 框架计划的资助。

参考文献

[1] Industrial internet of things: Unleashing the potential of connected products and services. World Econ. Forum Tech. Rep. (2015)

[2] E. Brynjolfsson, A. McAfee, The Second Machine Age: Work, Progress, and Prosperity in a Time of Brilliant Technologies (W.W. Norton and Company, 2014)

[3] C. Occhiuzzi, S. Caizzone, G. Marrocco, Passive uhf rfid antennas for sensing

applications: Principles, methods, and classifications. Antennas Propag. Mag. IEEE 55(6), 14–34 (2013)

[4] W. Dargie, C. Poellabauer, Fundamentals of wireless sensor networks: theory and practice (Wiley, 2010)

[5] G. Marrocco. et al., Rfid iot: a synergic pair. IEEE RFID Virtual J. 8 (2015)

[6] M.A. Razzaque, M. Milojevic-Jevric, A. Palade, S. Clarke, Middleware for internet of things: a survey. IEEE Internet Things J. 3(1), 70–95 (2016)

[7] L. Catarinucci, D. De Donno, L. Mainetti, L. Palano, L. Patrono, M.L. Stefanizzi, L. Tarricone, An iot-aware architecture for smart healthcare systems. IEEE Internet Things J. 2(6), 515–526 (2015)

[8] S. Amendola, R. Lodato, S. Manzari, C. Occhiuzzi, G. Marrocco, Rfid technology for iot-based personal healthcare in smart spaces. IEEE Internet Things J. 1(2), 144–152 (2014)

[9] C. Occhiuzzi, G. Marrocco, Precision and accuracy in uhf-rfid power measurements for passive sensing. IEEE Sens. J. (99), 1–1 (2016)

[10] SL900A, http://ams.com/eng/Products/UHFRFID/UHF-Interface-and-Sensor-Tag/SL900A

[11] L. Catarinucci, R. Colella, L. Tarricone, A cost-effective uhf rfid tag for transmission of generic sensor data in wireless sensor networks. IEEE Trans. Microw. Theory Tech. 57(5), 1291–1296 (2009)

[12] A. Sample, D. Yeager, P. Powledge, J. Smith, Design of a passively-powered, programmable sensing platform for uhf rfid systems, in IEEE International Conference on RFID, Mar 2007, pp. 149–156

[13] EM 4325, www.emmicroelectronic.com

[14] http://www.farsens.com

[15] C. Occhiuzzi, C. Vallese, S. Amendola, S. Manzari, G. Marrocco, Night-care: A passive rfid system for remote monitoring and control of overnight living environment. Procedia Comput. Sci. 32, 190–197 (2014)

[16] M. Buettner, R. Prasad, M. Philipose, D. Wetherall, Recognizing daily activities with rfid-based sensors, in Proceedings of the 11th International Conference on Ubiquitous Computing, ser. UbiComp '09. (ACM, New York, NY, USA, 2009), pp. 51–60. doi:10.1145/1620545.1620553

[17] A. Costanzo, D. Masotti, T. Ussmueller, R. Weigel, Tag, you're it: Ranging and finding via rfid technology. IEEE Microw. Mag. 14(5), 36–46 (2013)

[18] W. Sriborrirux, P. Danklang, N. Indra-Payoong, The design of rfid sensor network for bus fleet monitoring, in 8th International Conference on ITS Telecommunications, 2008. ITST 2008, Oct. 2008, pp. 103–107

[19] M. Sole, C. Musu, F. Boi, D. Giusto, V. Popescu, Rfid sensor network for workplace safety management, in 2013 IEEE 18th Conference on Emerging Technologies Factory Automation (ETFA), Sept 2013, pp. 1–4

[20] G. Marrocco, E. Di Giampaolo, R. Aliberti, Estimation of uhf rfid reading regions in real environments. Antennas Propag. Mag. IEEE 51(6), 44–57 (2009)

[21] S. Amendola, L. Bianchi, G. Marrocco, Movement detection of human body segments: passive radio-frequency identification and machine-learning technologies. IEEE Antennas Propag. Mag. 57(3), 23–37 (2015)

[22] S. Manzari, S. Pettinari, G. Marrocco, Miniaturized wearable uhf rfid tag with tuning capability. Electron. Lett. 48(21), 1325–1326 (2012)

[23] F. Amato, G. Marrocco, *Self-Sensing Passive RFID: from Theory to Tag Design—an Experimentation* (European Microwave Conference, Roma, Italy, 2009)

[24] S. Manzari, G. Marrocco, Modeling and applications of a chemical-loaded UHF RFID sensing antenna with tuning capability. IEEE Trans. Antennas Propag. 62(1), 94–101 (2014)

[25] M.S. Khan, M.S. Islam, H. Deng, Design of a reconfigurable rfid sensing tag as a generic sensing platform toward the future internet of things. IEEE Internet Things J. 1(4), 300–310 (2014)

[26] G. Marrocco, S. Caizzone, Electromagnetic models for passive tag-to-tag communications. IEEE Trans. Antennas Propag. 60(11), 5381–5389 (2012)

[27] P.V. Nikitin, S. Ramamurthy, R. Martinez, K.V.S. Rao, Passive tag-to-tag communication, in 2012 IEEE International Conference on RFID (RFID), Apr 2012, pp. 177–184

[28] M.B. Kelley, The stuxnet attack on iran's nuclear plant was 'far more dangerous' than previously thought, Businessinsider.com. Tech. Rep. (2013)

[29] http://www.thingmagic.com/index.php/fixed-rfidreaders/mercury6

[30] E.D. Giampaolo, F. Forni, G. Marrocco, RFid-network planning by particle swarm optimization. Aces J. 25(3), pp. 263–272 (2010)

[31] O. Monnier, E. Zigman, A. Hammer, Understanding wireless connectivity in the industrial iot, Texas Instruments, Tech. Rep. (2015)

第 2 章
边缘聚合分析中智能机制的应用

娜塔莎·哈思，科斯塔斯·德拉卡瑞迪斯，克里斯托·阿纳格诺斯托普洛斯

摘要： 在物联网环境中，传感器网络、驱动器和计算机设备负责在本地处理上下文数据、推理及共同支持聚合分析任务。我们依靠边缘计算模式，将处理和干扰推向物联网的边缘，从而将分析的复杂状态分解成许多更小、更易于处理的部分，并在上下文信息的来源处进行分析。通过这种方式，大量的上下文数据可以得到实时处理，然而把这些数据传输到传统的集中云或后端处理系统上进行处理是非常复杂和昂贵的。本章提出了一种重量更轻、更加分散并且可预测的智能机制来支持边缘网络内的通信高效聚合分析。我们的想法是基于边缘节点的能力，包括执行感测和在本地（通过预测）决定是在边缘网络中分散上下文数据，还是在最小化所需的通信交互的情况下以降低分析的准确性为代价，在本地重建未传递的上下文数据。基于这种决策方式，我们消除了边缘网络的数据传输，通过分析所捕获的上下文数据的性质，我们可以节约用于感知和接收数据的网络资源。我们还针对真实的上下文数据集对我们提出的机制进行了全面实验评估，并列出了在边缘计算环境中应用这种机制的优势。

2.1 引言

边缘分析是一种高效收集和分析上下文数据的方法。应用这种方法，计算可以在传感设备（传感器，驱动器）、网络交换机或其他设备（集中器）上得到执行，而不必将整个数据传输到例如云环境这样的集中式计算环境中。随着连接事物的物联网范例（例如传感器、驱动器、控制器、集中器）变得越来越普遍，边缘分析受到了越来越多的关注[1]。物联网的边缘正是进行边缘分

析的地方。在物联网环境中,高数据速率传感器(例如摄像机、环境传感器、智能仪表等)的应用正变得越来越普遍。如今,从这些传感器获得的大多数高批量数据储存在接近捕获点的位置,只有少数数据被传输到云端。未来,如果将来自数十亿个物联网设备的全部数据发送到云端,现有的基础设施可能就会瘫痪。为了解决这些问题,边缘计算(Edge Computing,EC)[2,3]应运而生。边缘计算使得对上下文数据的处理、网络构建和分析更加靠近物联网设备和应用程序。

边缘计算代表着智能从云端向边缘的转移,并将特定类型的分析本地化,例如数据流上的聚合算子和在本地进行的决策[4]。采用智能处理和将适当的已分析数据传输到云端的方式可以加快响应时间,不受网络延迟的影响,同时还能降低流量。边缘分析的主要优势在于它的可伸缩性。将分析算法应用到物联网设备可以缓解企业数据管理和分析系统的处理压力,即便组织部署的连接设备数量以及生成和收集的数据量在不断增加[5]。近几年预计将有250亿~500亿个物品被连接到物联网上。因此我们可以预料到,由于能源约束(网络寿命)、有限带宽和网络延迟[6],这些连接到物联网的物品所产生的数据将远远超过云端可以轻松处理和分析的数据量极限。与云基础架构不同,边缘网络具有以下特性:①异构硬件;②不稳定的低带宽通信网络;③有限的机载能量预算和有限的处理能力。此外,边缘分析算法不应依赖任何中央协调器。因为节点或连接故障较为常见,所以边缘分析算法也必须具有容错能力。由于能量和带宽限制,使用低功率无线电将大量数据传输到云端通常是不可行的。

我们将网络的边缘设想成是一个带宽减荷和传感器数据缺乏能量供应的站点。为了从位于边缘的大量数据中找出具有价值的信息,我们需要能量效率高、通信效率高、自主且轻量级的上下文信息处理算法。我们通过边缘节点(Edge Nodes,EN)构建边缘网络架构,在传感或驱动器节点(Sensing and Actuator Nodes,SAN)和云端之间形成一个层次。多个传感和驱动器节点可连接到各个边缘节点,例如云、汇聚节点以及功能强大的智能电话。边缘节点位于多个传感和驱动器传感以及驱动器节点附近,因此上下文相关数据能够以高效节能的方式被实时智能地传输到边缘节点上。每个传感和驱动器传感以及驱动器节点都会进行测量,并且以通信交互(开销)所需次数最少为原则,在本地确定是否将这些测量值传输到边缘节点,但代价是需要在边缘节点上执行准确的分析任务。基于这种文本环境，我们的想法是通过本地来预测是否在边缘网络中传播感知数据，从而通过提高能源效率来实现质量分析。换句话说，我们试图利用捕获的上下文数据的性质来消除网络边缘的数据传输，从而节省用于感测和接收数据的网络资源。不过，这要以牺牲分析任务的质量为代价。

在边缘网络实现这种智能预测的基本要求是：①多个传感驱动器节点在分析质量驱动的规则下在本地执行感测和传播数据的自主性；②边缘节点能够在本地对从与之相连的多个传感和驱动器节点上获取的数据进行轻量级和健壮性的分析任务。我们的主要目标是从延长边缘网络生命周期和通信效率的角度来检验智能预测对边缘节点上聚合分析任务质量的影响。

2.2 概述和动机

2.2.1 聚合分析

在物联网环境中，由多个传感和驱动器传感以及驱动器节点、边缘节点所捕获的全部上下文信息（也可以概括为上下文信息源）被视为连续数据流。我们对连续数据流执行分析任务以提取统计相关性，聚合分析任务并推理新知识。物联网[7, 8]及环境和地球物理监测[9]中的情境感知应用和人群感测应用［如森林监测[10-13]（通过未命名的车辆）、农业监测[14]、道路交通监测、监视、视频分析[15]、海洋环境监测[16]、流域监测系统[17, 18]以及对大规模数据流的统计分析应用］需要高效、准确及时的数据分析以便在物联网环境中实现（几乎）实时决策、数据流挖掘和情境上下文感知。物联网计算设备因其可靠性、准确性、灵活性、成本低和安装简便的特点，已彻底颠覆了各种应用上的感测技术。上下文数据流包含与源头（例如智能电话的湿度和温度传感器）对应的上下文参数值。一组源头（如移动传感和计算设备）可以捕获地理监视区域或道路网络状况的上下文信息。情境感知和物联网应用可以处理所有此类的情景：①获取过去20分钟受火灾影响最大的区域；②通过对上下文值（如总和SUM、平均值AVG）进行聚合函数分析，识别从上午11点到现在的特定参数中的概念漂移；③推断近期城市道路网络中最为拥挤的路段；④定期获取智慧城市一段时间内的最高污染级别。许多重要的物联网应用程序的开发都是建立在由物联网设备所捕获的上下文数据流的基础之上，从而进行事件识别。所识别的事件都具有重要的意义，如安全问题或违反预定义限制；又如，在安全和环境监测应用中，监测设施在满足相关标准时，必须采取高效机制来触发警报[19]。

2.2.2　总览及文献综述

简单来说，在云上实现分析任务的一种基本方法是运用物联网将所有传感节点上的上下文数据传输到特定的汇聚节点或后端系统中。这在之前的研究中就已经实现了[20-22]。在这种情况下，分析任务仅由云端的后台系统执行，而不是由网络边缘的多个传感和驱动器节点或边缘节点执行，尽管这些节点的计算能力在不断提高。显而易见，这种解决方案虽然可行，但存在许多缺点，包括将原始数据传输到云中而产生的高能耗、对无线链路带宽的需求以及高延迟性等[3]。

相反，在边缘计算时代，我们迫切需要的是：①将分析任务推向与上下文数据源（即边缘节点）接近的位置，并且使传感和驱动器节点及边缘节点更加智能化，从而共同支持边缘分析；②边缘节点必须以节能的方式与多个传感和驱动器节点进行智能通信，因为通信效率对于延长边缘网络的生命周期从而更好地支持边缘分析至关重要。

我们对边缘分析的两种基本方法进行了区分。第一种方法基于以下观察结果：能够进行本地计算和感知的多个传感和驱动器节点及边缘节点创造了以分布式方式分析和构建（训练）分析模型的可能性。在这类边缘分析中，上下文数据和（或）模型的元数据在边缘网络中循环，而数据和元数据的传播显然需要能量，这就导致了额外通信开销的增加[23-25]。第二种方法是指基于组的通信和单个本地化的计算或处理方案[13, 20, 26-30]。在此方法中，每个边缘节点负责一组传感和驱动器节点，并维护该组内每个传感和驱动器节点的历史上下文数据。由于减短了从传感和驱动器节点到云端的路由路径的长度，这种本地化方法具有较高的通信效率。为了支持这种类型的边缘分析，能量消耗在了通信（由传感和驱动器节点向边缘节点发送并接收数据）和计算（即由边缘节点来处理本地数据）上。但是，由于本地处理和分析的成本是不容忽视的，因此我们应该权衡考虑边缘网络内部通信和本地化计算之间的关系[31]。

在计算和通信方面，上述两种基本方法都需要具备高效率以支持边缘分析。分析任务的计算效率是一个具有挑战性的研究领域，这一领域最近涌现出了大规模的分布式统计和机器学习算法[32]。在边缘网络通信方面，我们详细阐述了选择性数据传输的机制，这种机制在许多分布式计算和传感器环境中都有应用[31]。我们认为这种机制可以在边缘计算环境中得到应用，并支持高通信效率的边缘分析。从具体来看，这种机制建立在有界损失近似原理的基础之上，即一个网络节点基于对上下文数据代表的本地预测由本地决定是否将其感测到的数据传输给另一个网络节点。由于上下文数据代表是对实际数据的粗略估计，因此可能会产生误差。这种决定方式背后的原理是：如果感测节点上的感测值 x 接近预测值 x（在感测节点上进行本地预测），那么就没有必要将 x 传输给下一个节点（边缘节点）进行下一步处理。否则，边缘节点必须考虑 x 值才能继续进行准确的分析任务。显然，我们应当注意权衡上下文数据通信和近似值对分析准确性产生的影响之间的关系。一方面，由于循环数据减少，在边缘网络内选择性地发送和接收上下文数据会增加网络的生命周期和可用带宽。另一方面，由于有意对边缘节点处的近似数据进行本地化处理，分析任务的质量可能会受到影响。这就需要：①边缘节点采用一种可继续处理和分析任务以重新构建未传输数据的机制。②传感和驱动器节点具有实时预测值的计算能力，且此需求可由边缘环境来满足，因为边缘环境中的物联网设备既具有传感功能又具有计算功能。

本章提出一种智能机制，该机制可利用边缘网络中的全部可用资源和技能来支持边缘分析。

2.2.3 本章贡献和组织结构

用于支持边缘分析的选择性数据传输原则并非可直接应用，应该对其进行调整，以将智能预测分别应用于传感和驱动器节点及边缘节点。传感和驱动器节点在本地预测预期数据，并在给定近似误差范围的情况下在本地决定是否进行传输；如果传感和驱动器节点决定不传输数据，则边缘节点在本地预测或重建未传送的数据。通过这种智能预测的分配，我们引入了一种机制来支持上述所有的边缘分析方法。也就是说，在传感和驱动器节点需要与边缘通信执行分析任务之前可应用这种智能预测，同时边缘节点应在继续执行事先安排的分析任务之前重新构建未传输的数据。如果物联网应用程序可以允许分析结果中出现某些错误，如聚合算子和数据融合算子的预测精度和质量，那么这种机制就能够以高效通信的方式应用于边缘分析，正如 2.5 节所述，我们证明了所提出的机制可以在边缘网络中完成聚合分析任务。我们在本章中提出的基本问题是：通过降低聚合分析的质量来节省通信数量的方式，将智能预测应用于传感和驱动器节点和边缘节点是否有效？在本章中，我们通过降低分析结果的质量，从提高效率的角度来研究这种机制对边缘分析的影响。我们的目标是通过牺牲分析任务的质量来实现边缘网络生命周期的显著增长。

据我们所知，这是在边缘分析概念下首个探索将智能预测应用于边缘计算模型的机制。本章的主要贡献包括：①在具有传感和驱动器节点及边缘节点的边缘网络中提出一种分散式的智能预测机制，该机制能以高效通信的方式支持边缘分析；②对所提出的机制进行评估，以展示边缘聚合分析算子的准确性（质量）和通信开销之间的权衡关系；③使用指数平滑法作为选择性数据传输机制，在 d 维数据空间中对具有 $O(d)$ 计算复杂性的边缘节点提出某些轻量级的重构策略；④使用来自传感器和驱动器网络的真实上下文数据来评估该机制。

本章的组织结构如下：在 2.3 节中提出用于评估智能预测机制的边缘智能预测的基本原理和基本概念。这些基本原理和基本概念由某些定义、预定义以及基本指标组成。2.4 节分析分别用于传感和驱动器节点及边缘节点的智能预测，详细阐述用于数据传输和重建的特定策略。2.5 节用真实的上下文数据集呈现出智能预测机制的性能。2.6 节对本章内容进行总结并提出边缘分析的未来研究议程。

2.3 边缘智能预测

2.3.1 基本原理

如图 2-1 所示，具有边缘节点和相应的传感和驱动器节点的边缘网络为终端用户、分析师和物联网应用程序提供了高效的通信分析，我们设想边缘网络与相互连接的边缘节点共同形成任意拓扑结构。每个边缘节点 j 都与树状拓扑中的驱动器节点 n_j 连接，其中边缘节点是根，驱动器节点是树叶。每个驱动器节点 i 与唯一的边缘节点 j 相连接。$N_j = \{1, \cdots, n_j\}$ 表示边缘节点 j 的驱动器节点集，如 $i \in N_j$。

实例 $t = 1, 2, \cdots$ 时的驱动器节点 i 会感测到 d 维行向量为 $\boldsymbol{x}_t = [x_{1t}, \cdots,$

第 2 章 边缘聚合分析中智能机制的应用

图 2-1 物联网传感器 & 驱动器

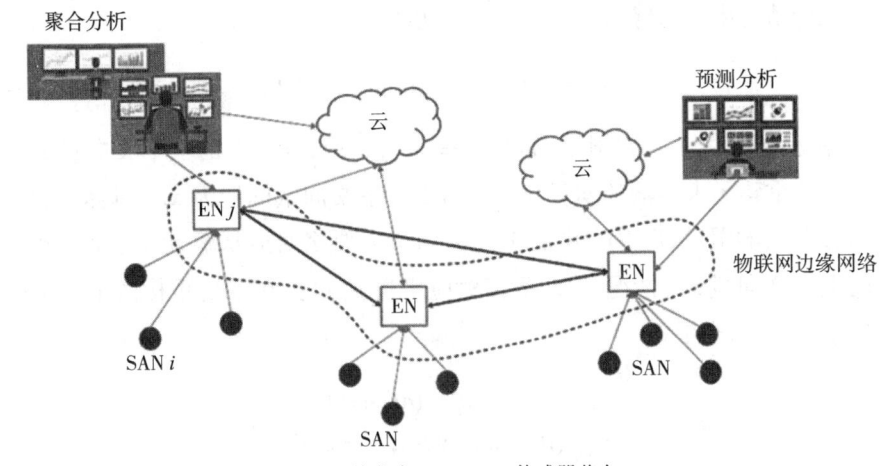

EN——边缘节点；SAN——传感器节点。

$x_{dt}] \in \mathbf{R}^d$ 的上下文参数，如温度、湿度、声音、风速、空气污染物化合物等。以下，我们称 x 为上下文向量。驱动器节点 i 可以通过传输上下文向量与边缘网络中的边缘节点 j 进行通信。为了实现所提出的智能预测机制，驱动器节点 i 配备了上下文向量预测算法 $f_i(x_{t-1}, \cdots, x_{t-N})$，使用尺寸为 N 的滑动窗口 W 中储存的最近当 $N \geq 1$ 时感测到的上下文向量来预测时间为 t 时的上下文向量 $\hat{x}_t$。即：

$$\hat{x}_t = f_i(x_{t-1}, \cdots, x_{t-N}) = f_i(W) \tag{2-1}$$

其中窗口 $W = (x_{t-N}, \cdots, x_{t-1})$。实际感测到上下文向量 x_t 后，驱动器节点 i 在时间为 t 时局部预测出上下文向量 $\hat{x}_t$。因此，本地预测存在的误差是：

$$e_t = \|x_t - \hat{x}_t\| \tag{2-2}$$

其中 $\|x\| = (\sum_{k=1}^{d} x_k^2)^{1/2}$ 是 x 的欧几里得范数。这种预测能力使驱动器节点能够决定是否将上下文向量 x 发送到其对应的边缘节点 j 进行进一步处理。驱动器节点 i 依赖于基于误差 θ 的上下文向量传输决策规则。

情况 1 如果预测的 $\hat{x}_t$ 与实际感测 x_t 在判定域 $\theta > 0$ 时不同，即 $e_t > \theta$，那么驱动器节点 i 就需要将实际的 x_t 发送到边缘节点 j。

情况 2 相反，如果 $e_t \leq \theta$，驱动器节点 i 就不会将 x_t 发送给边缘节点 j。在这种情况下，边缘节点 j 负责在本地重建上下文向量并作进一步处理。

在第一种情况中，边缘节点 j 接收从驱动器节点 i 发送的上下文向量 x_t。

在第二种情况中，边缘节点 j 具有重构功能。

$$\bar{x}_t = g_j(u_{t-1}, \cdots, u_{t-M}) = g_j(W) \qquad (2-3)$$

最近的 $M \geq 1$ 来自滑动窗口 $W=(u_{t-M}, \cdots, u_{t-1})$ 的上下文向量 u 在本地预测（重建）未传输的向量 x_t，由历史上下文向量标记为 $\bar{x}_t$。具体来看，来自边缘节点的滑动窗口 W_j 中的上下文向量 u 要么对应从驱动器节点 i 实际接收的上下文向量 x（情况 1），要么对应来自 g_j 过去在本地重构的上下文向量 $\bar{x}$（情况 2）。例如：

$$u_t = \begin{cases} x_t & \text{if } e_t > \theta \text{(Case 1)} \\ \bar{x}_t = g_j(W), & otherwise; \text{(Case 2)} \end{cases} \qquad (2-4)$$

因此在边缘节点 j 处的重构误差为：

$$a_t = \begin{cases} 0 & \text{Case 1,} \\ \|x_t - \bar{x}_t\| & \text{Case 2.} \end{cases} \qquad (2-5)$$

驱动器节点 i 的滑动窗口仅包含实际感测到的上下文向量 x，而边缘节点 j 的滑动窗口包含（从驱动器节点 i 接收的）实际上下文向量 x 或边缘节点 j 在本地生成重构的上下文向量 $\bar{x}$。在驱动器节点 i 上预测的上下文向量 $\hat{x}$ 与在边缘节点上重构的上下文向量 $\bar{x}$ 之间的差值为 $\|\hat{x} - \bar{x}\| = \|e - a\|$，其中 $a = \bar{x} - x$，$e = \hat{x} - x$。当驱动器节点 i 上的预测和边缘节点 j 上的重建引起相同的误差时，差值为 0。概括来说，当 $e_t > \theta$ 时，重建差 $a_t = 0$；而当 $e_t \leq \theta$ 时，重建差值 $a_t \geq 0$。

目标：在给定驱动器节点 i 的判定域 $\theta > 0$ 的条件下，我们研究了边缘节点 j 上的特定聚合分析任务的表现性能。我们为此定性地得出了充分的条件，并揭示出判定域是与期望的误差界限和感测到的上下文数据值间相关性有关的函数。当判定域很小或相关性不显著时，驱动器节点 i 就需要将上下文向量发送到边缘节点 j。由于驱动器节点的上下文数据的特性及其固有的动态性，当底层数据分布随时间而发生变化时，对于一组较难预测的上下文数据，预测技术可能无法有效工作。在详细说明所提出的分布式智能机制之前，本章提供了一些定义和初步分析。

2.3.2 定义和问题陈述

定义1（滑动窗口） 滑动窗口 W 由固定大小的时间范围 $N>0$（地平线）进行指定，根据上下文数据的情况，增加新的上下文向量或舍弃旧的上下文向量。

例如，在时间 t 时，滑动窗口 W 是从 $t-N$ 到 $t-1$ 观察到的全部上下文向量的序列，即 $W=(\boldsymbol{x}_{t-N}, \boldsymbol{x}_{t-N+1}, \cdots, \boldsymbol{x}_{t-1})$。例如，一个对 W 的分析查询可以是："连续返回过去一个小时的全部上下文向量，即 $N=60\text{min}$"。滑动窗口在连续的聚合和融合分析函数中使用得最为广泛[33-36]。

聚合分析任务将根据窗口内容 W 而得到评估。当窗口滑动时，聚合结果随时间变化而变化。我们将聚合函数分为3类：分配函数、代数函数和整体函数[37]。将 W、W_1、W_2 作为滑动窗口，则聚合分析函数 h 的分类情况如下：如果 $h(W_1 \cup W_2)$ 可以由 $h(W_1)$ 计算得出，并且可以用 $h(W_1)$ 表示全部 W_1 和 W_2，则 $W \rightarrow \mathbf{R}^d$ 是分配函数。聚合分析任务将根据窗口内容 W 被评估。当窗口滑动时，聚合结果随时间而变化。如果 W、W_1、W_2 之间存在一个'概要函数' σ，那么聚合分析函数 h 是代数函数：① $h(W)$ 可以由 $\sigma(W)$ 计算出来；② $\sigma(W)$ 可以存储在常数存储器中；③ $\sigma(W_1 \cup W_2)$ 可以由 $\sigma(W_1)$ 和 $\sigma(W_2)$ 计算出来。因此聚合分析函数 h 如果不是代数函数就是整体函数。在标准聚合函数中，MAX 和 MIN 是分配函数；AVG 可以从包含 SUM 和 COUNT 的概要函数中计算出来，故为代数函数；QUANTILE 和 MEDIAN 是整体函数。

示例1 我们可以分别定义 AVG 和 MAX 分析函数为：$h^{avg}(W)=\frac{1}{N}\sum_{k=t-N}^{t}\boldsymbol{x}_k$ 且 $h^{\max}(W)=[\max\{x_{1k}\}, \cdots, \max\{x_{dk}\}]_{k=t-N}^{t}$。

在我们的示例中，聚合分析函数 h 在边缘节点 j 上运行，滑动窗口 M 包含从驱动器节点 $i \in N_j$ 接收和/或重构的上下文向量，这要取决于情况1或情况2。请注意，此类函数是在内置于物联网应用程序特定的连续分析查询内构建的。

示例2 用连续查询语言[38]聚合分析查询"在过去一个小时内收集到的有关'温度'和'湿度'的上下文信息流中找到每分钟的平均温度和最大湿度"，包含滑动窗口 W 中的 AVG 和 MAX 运算符，当 $N=60\text{min}$ 时，可表示如下：

SELECT AVG（temperature），MAX（humidity）

FROM Context Streams [RANGE 60 MINUTES SLIDE 1 MINUTE]

值得注意的是，因为不需要扫描整个窗口[39,40]，SUM、MIN 和 AVG 等典型的渐进式聚合需要恒定的时间复杂度 $O(1)$。而更高级的聚合分析功能，如滑动窗口 W 中的异常值检测或概念漂移检测，则需要对 W 进行多次扫描。聚合分析函数也可以在边缘节点上进行组合，用于推断可能会触发决策的特定事件。

示例 3 对过去 10min 内的情境上下文进行评估（本地化事件流处理）以激活以下规则，用 AVG 和 MAX 聚合分析函数对来自两个对应驱动器节点的"温度"和"风速"滑动窗口进行连续预测：

EVENT：=IF AVG（temperature）$\geq$ 90 AND MAX（Wind-Speed）$\in$ [10, 20]
WITHIN 10 minutes THEN ACTION is 'warning'

定义 2（聚合分析差异） 考虑边缘节点 j 及其驱动器节点 $i \in N_j$。边缘节点 j 上的分析结果来自边缘节点 j 上滑动窗口 W 的聚合函数 h，实际分析结果来自滑动窗口 W^* 的聚合函数 h。滑动窗口 W^* 中仅包含从驱动器节点 i 传输到边缘节点 j 中的实际上下文向量（地面实况）。二者之间的聚合分析差异 β_i 为：

$$\beta_i = \| h(W) - h(W^*) \| \qquad (2\text{-}6)$$

聚合分析差异 β_i 的含义是：如果驱动器节点 i 将全部的上下文向量发送给边缘节点 j，在边缘节点 j 上用上下文向量 u 对滑动窗口 W 得出的分析结果与用上下文向量 x 对滑动窗口 W^* 得出的分析结果之间的差异。显然，如果在第一种情况中，$\beta_i = 0$，$\forall i \in N_j$。现在，因为我们允许驱动器节点 i 决定感测上下文向量 w.r.t.θ 并且边缘节点 j 能够重建未传输的上下文向量，那么 $\beta_i \geq 0$。而关键在于物联网应用程序在考虑到边缘网络通信效率的同时能够在多大程度上允许分析结果的差异。

因此，在既定判定域 $\theta > 0$ 时，我们的目的是检验我们的智能预测机制在以下两方面的影响：①在公式（2-5）中的重建差值 α；②通过节省重要的网络带宽提高通信效率而产生的聚合分析差异 β。

2.4 智能预测划分

我们所提出的机制，其智能可划分为两部分：①有关本地预测算法 f_i 在驱动器节点上的智能；②有关支持 2.3.2 节中介绍的分析任务的本地重建算法

g_j 在边缘节点上的智能。

2.4.1 传感器和驱动器节点上的智能部分

传感器和驱动器节点的计算能力有限（能量受限），因此我们在边缘计算范例中讨论非常复杂的预测模型是不现实的。幸运的是，之前的研究[41-43]显示，简单的线性预测器足以捕获现实上下文数据的时间关联性。基于滑动窗口的线性预测是根据过去的 N 次测量值来预测未来的一种非常受欢迎的方法。

在这项工作中，我们通过采用复杂性低、所需计算能力小的预测函数，努力降低预测所需的计算能力并使用一小部分传感器和驱动器节点的计算能力。用于时序数据预测的多变量指数平滑法是适用于我们这种情况的一种理想预测方法，因为其计算复杂度属于 d 维空间中的 $O(d)$。用简单的指数平滑法可判断当前感测的上下文向量 $\boldsymbol{x}_t$ 和历史上下文向量[44]。这种简单的平滑函数可用于基于 θ 决策的预测函数 f_i。

对于每个时间 t，使用当下感测的上下文向量 $\boldsymbol{x}_t$ 和先前的平滑向量 $\boldsymbol{s}_{t-1}$ 可计算平滑上下文向量 $\boldsymbol{s}_t$，即

$$\boldsymbol{s}_t = \alpha \boldsymbol{x}_t + (1-\alpha) \boldsymbol{s}_{t-1} \tag{2-7}$$

用 $\boldsymbol{s}_0 = \boldsymbol{x}_0$ 进行初始化。$\alpha \in [0, 1]$ 表示历史测量数据和当前数据之间的关系。α 的值越大，表示当前数据越重要，历史数据越不重要。通常情况下，$\alpha = 0.7$[44]。计算的平滑向量 $\boldsymbol{s}_{t-1} = [s_{1,t-1}, \cdots, s_{d,t-1}]$ 指的是预测的上下文向量 $\hat{\boldsymbol{x}}_t$，即 $\hat{\boldsymbol{x}}_t = f_i(W_i) = \boldsymbol{s}_{t-1}$，其中驱动器节点 i 仅包含最近的平滑向量，滑动窗口为 $W = (\boldsymbol{s}_{t-1})$。因此，$f_i$ 的复杂性是 $O(d)$；在时刻 t，我们需要 d 的计算指令来平滑式（2-7）中的 $\boldsymbol{s}_t$。将真实的 $\boldsymbol{x}_t$ 传输到边缘节点 j 的转发决策要取决于预测误差 $e_t = \|\boldsymbol{s}_{t-1} - \boldsymbol{x}_t\|$ 是否超过判定域 θ。

2.4.2 边缘节点上的智能部分

边缘节点 j 在时刻 t 要么接收到 $\boldsymbol{x}_t$（情况 1），要么什么也没接收到（情况 2）。在情况 1 中，边缘节点 j 只需将接收到 $\boldsymbol{x}_t$ 插入其对应的滑动窗口 W 中（与驱动器节点 $i \in N_j$ 相关联），舍弃最旧的上下文向量，即 $\boldsymbol{u}_t = \boldsymbol{x}_t$。在情况 2 中，边缘节点 j 遇到了没有向量传递过来的问题，因此没有东西可以插入滑动窗口 W 中。这种未传输的向量必须在边缘节点 j 上对现存于滑动窗口的

可用上下文向量 u 进行重建。为达到此目的，我们提出了3种重建策略，即重建函数 $g_j(W)$ 的变体。应该强调的是，我们要求边缘节点 j 上的重建函数具有计算效率高的特点，因此与分析任务相比其开销更小。下面将讨论这些策略。

策略1 情况2中，此策略使用在边缘节点 j 滑动窗口中最新的上下文向量，换言之，使用滑动窗口的第一个元素来作为重建的上下文向量。因此，重建的上下文向量会被插入 W 中，滑动窗口中最旧的上下文向量会被舍弃。值得注意的是，在插入之后，滑动窗口会拥有两个最新上下文向量的副本。如果驱动器节点 i 在最后 N 个时间实例中没有发送上下文向量，就可能出现整个滑动窗口（长度为 N）中包含相同的上下文向量的情况。这表示在过去的 N 个时间实例中，驱动器节点 i 上依次感测的上下文向量的最大差值小于 θ。在这种情况下，既然给出了判定域 θ，再传输类似的上下文向量给边缘节点 j 就变得多余了。在情况1中，边缘节点 j 仅需将传输过来的 x_t 插入窗口并舍弃最旧的上下文向量。

策略2 在情况2中，此策略将重建未传输的上下文向量 $\bar{x}_t$，作为滑动窗口 W 现行向量中的平均向量，即

$$\bar{x}_t = g_j(W) = \frac{1}{N}\sum_{k=t-N}^{t-1} u_k$$

之后重建的上下文向量会被插入滑动窗口中，舍弃最旧的上下文向量。在情况1中，边缘节点 j 仅需将传输过来的 x_t 插入窗口并舍弃最旧的上下文向量。

策略3 此策略应用指数平滑算法（如上所述）在边缘节点 j 上重建未传输的上下文向量。在情况1中，边缘节点 j 仅需将传输过来的 x_t 插入窗口并丢弃最旧的上下文向量。此外，在插入后，边缘节点 j 会基于传输过来的 x_t 和之前计算的平滑上下文向量来计算平滑上下文向量 s'_t，即

$$s'_t = \alpha x_t + (1-\alpha) s'_{t-1}$$

在情况2中，使用最近的平滑上下文向量 s'_{t-1} 重构 $\bar{x}_t$（在情况1中使用传输的上下文向量），并舍弃滑动窗口中最旧的上下文向量。值得注意的是，边缘节点 j 上的一系列平滑向量 s'_t 与驱动器节点上的一系列平滑向量 s_t 并不相同，因为向量 s'_{t-1}，s'_{t-2}，…是由边缘节点 j 滑动窗口 W_i 中的 u_{t-1}，u_{t-2}，…计算得出的。此外，在情况2中，用 s'_{t-1} 重构 $\bar{x}_t$ 之后，时间 t 的平滑上下文函数是：

$s'_t = \alpha x_t + (1-\alpha) s'_{t-1}$。总的来说，边缘节点 j 的策略 3 表示如下：

$$\begin{cases} s'_t = \alpha x_t + (1-\alpha) s'_{t-1}, \text{Case 1} \\ \bar{x}_t = s'_{t-1} \text{ and } s'_t = s'_{t-1}, \text{Case 2}. \end{cases} \quad (2\text{-}8)$$

2.5 性能评估

2.5.1 数据集和实验设置

在实验中，我们使用真实数据集来评估所提出的边缘智能预测机制的表现。上下文数据集（DS1）来自 UCI 相关数据集[45]。该数据集包含 12 个化合物和环境参数的驱动器节点：CO，PT08.S1（氧化锡），非甲烷总烃，苯，PT08.S2（二氧化钛），NO_x，PT08.S3（氧化钨），NO_2，PT08.S4，PT08.S5（氧化铟），温度、相对湿度和绝对湿度。以上全部的环境参数都被用来测量一个特定地区的空气质量。这些数据每小时收集一次，参考 $T = 9357$ 多维测量值（$d = 12$），$n = 12$ 个驱动器节点和一个边缘节点。在这个数据集中有一些数据缺失。对于每个驱动器节点，我们采用了线性内插法来估算缺失值。此方法利用两个数据点 (x_0, y_0) 和 (x_1, y_1) 重建线性函数以找到特定的 x 值和缺失的 y 值，函数关系如下：$y = y_0 + \frac{y_1 - y_0}{x_1 - x_0}(x - x_0)$。

为了比较和再现，DS1 数据集同时被标准化和缩放化，例如，每个上下文参数 $x \in \mathbf{R}$ 映射到 $\frac{x - \mu}{\sigma}$ 中得到平均值 μ 和方差 σ^2，利用 $\frac{\max(x) - x}{\max(x) - \min(x)}$ 可缩放到 $[0, 1]$ 中。

为了对我们的机制进行灵敏度分析，实验使用了判定域 $\theta \in \{10^{-5}, 10^{-3}, 10^{-2}, 0.05, 0.06\}$ 的不同值来展开。利用标准化和缩放化的数据集，θ 可看作是测量值与感测值比值的百分比变化 x，对应上述 θ 的 x 值分别为：0.0002%，0.02%，2%，10% 和 12%。之后检查所选 θ 值以了解式（2-2）中的局部预测误差 e_t 对决定所要转发测量值机制的影响。在实验中，驱动器节点侧的局部预测器或指数平滑器会使用 $\alpha \in \{0.5, 0.7, 1\}$[44]。此外，在策略 3 中，边缘节点侧的重建平滑函数中 $\alpha = 0.7$。滑动窗口大小设置为 $N = 10$，该数值表示 DS1 过去 10 小时的历史记录。

总的来说，实验设置包括用于重建边缘节点的 3 种不同策略（策略 1、策略2和策略3）条件下的5个 θ 值和3个 α 值。这导致每个聚合分析函数 $h(W)$ 都有75个实验，例如用于评估的 AVG、MAX 和 MIN 分析函数。为了客观评估该机制的表现，我们使用了基线机制。该机制可通过捕获连续的上下文数据并将其从所有驱动器节点传输到边缘节点而生成，不需要在驱动器节点和边缘节点中进行智能预测。

2.5.2 性能指标

我们可以首先定义通信计数器的性能指标，即感测值的数量可从驱动器节点 i 发送到其边缘节点 j。采用基线机制可使通信数量分配为 $12\times 9357=112\,284$。为了更好地说明和比较我们的基线机制，通信计数器的数值可表示为 100%。若利用本研究的机制，计数器只有当 θ 值超过界限并且该值能从驱动器节点传输到边缘节点时才会增加。在本研究的方法中，n 个驱动器节点与 T 个感应值的整体通信情况如下：

$$c(T)=\sum_{t=1}^{T}\sum_{i=1}^{n}I_{i,t} \quad (2-9)$$

如果驱动器节点 i 将其感测值发送给边缘节点，则 $I_{i,t}=1$；否则 $I_{i,t}=0$。显然，当 $I_{i,t}=1$，$\forall i,t$ 在基线方法中，n 个驱动器节点对 T 个感测值的总体通信数量是 $T\times n$。通信百分比为 $\dfrac{c(T)}{Tn}$。

利用对称平均绝对百分比误差（SMAPE）可评估式（2-5）中的重构误差 α 以及式（2-6）中聚合分析的差异 β。在实验期间，我们计算了每个时间点 $t\in\{1,\cdots,T\}$ 在每个驱动器节点的平均 SMAPE。因为该测量值具有无偏差性[46]，因此这个方法可用于表示 SMAPE $\in [0,100]$ 的百分比误差。针对重构误差 α 和聚合分析差异 β，SMAPE 可定义如下：

$$\text{SMAPE}=\begin{cases}\dfrac{100}{T}\sum_{t=1}^{T}\dfrac{\alpha_t}{\|x_t\|+\|\bar{x}_t\|}, & \|x_t\|+\|\bar{x}_t\|>0 \text{ for } \alpha,\\[6pt] \dfrac{100}{T}\sum_{t=1}^{T}\dfrac{\beta_t}{\|h(W)\|+\|h(W^*)\|}, & \|h(W)\|+\|h(W^*)\|>0 \text{ for } \beta.\end{cases} \quad (2-10)$$

我们的主要目标是展示通信数量与重构误差或聚合分析差异之间的权衡关系。也就是说，可以通过获得通信数量的明显减少来忽略一些少量增加的分析错误，从而获得通信效率并延长边缘网络的生命周期。我们对聚合分析函

数 $h(W)$ 和边缘节点的内部重构如何随着通向边缘节点的通信数量的减少而变化进行了估算。而通信数量的减少通过增加 θ 值并改变驱动器节点内的 α 值（指数平滑）可以实现。

2.5.3 性能评估

通过利用前述选择值实施本研究的预测智能方案，我们可以说明重构误差和聚合分析差异的通信数量与出现误差之间的权衡关系。我们的目标是要实现只在误差略微增加的情况下降低通信数量的百分比，与特定的差异无关。

通常情况下，增加 θ 值就会减少通向边缘节点的通信数量。这是因为 θ 代表了对期望值和实际或感知值变化的容忍度。因此，高 θ 值表示该值在发送到边缘节点之前可以在更大的范围内变化。此外，值得注意的是，通信数量很大程度上要取决于指数平滑参数 α。若给定相同的 θ 值，通信数量会随着 α 值的增大而减小。增加 α 值意味着能减少之前或历史测量数据的影响，还意味着更加侧重于当前数据。若 $\alpha = 1$，则表示仅需将当前测量值与之前的测量值进行比较便可作出转发决策。

2.5.3.1 重构误差评估

评估 DS1 的重构误差适用于边缘节点内部所选的重构策略高度影响生成的对称平均 SMAPE 的情况。给出的 3 种不同策略中，策略 2 在 $\alpha \in \{0.5, 0.7, 1\}$ 和 $\theta \in \{10^{-5}, 10^{-3}, 10^{-2}, 0.05, 0.06\}$ 情况下产生的误差值最高。重建方法策略 3 几乎与策略 1 产生的百分比误差相同。策略 1 则是边缘节点内部重建未传递值的最佳解决方案。

从图 2-2 中可看到将策略 1 与 α 的不同值进行比较的结果，增加 α 值相当于增加对称平均 SMAPE。考虑到对称平均 SMAPE 与通信数量百分比之间的权衡关系，α 值越高则表示对称平均 SMAPE 越低，通信数量越少。图 2-2 显示了策略 1 下的重构误差权衡关系。值得注意的是，若使用我们提出的 DS1 边缘分析预测智能系统，则可以通过容忍概率小于 1% 的重构误差来节省至多 30% 的通信开销。如果物联网应用程序在分析准确性方面可以容忍高达 2% 的错误率，则可能节省 50%~60% 的通信开销。在给定的容错范围内节省通信数量将会使此边缘网络的寿命延长 30%~50%。

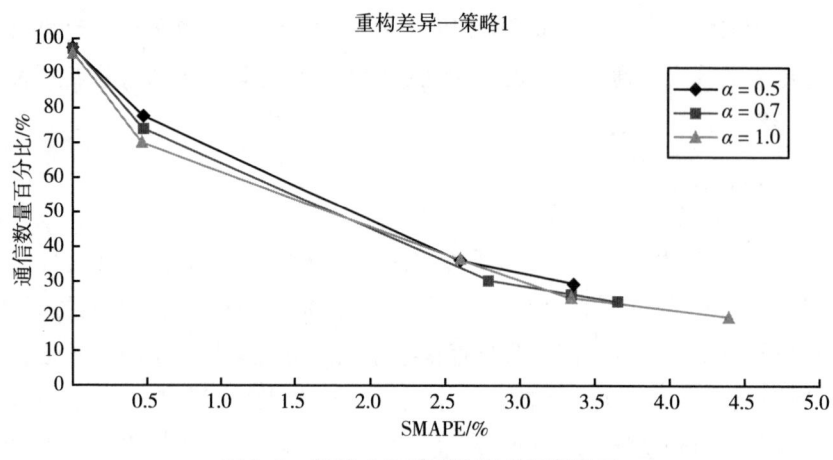

图 2-2　策略 1 下的重构误差权衡关系

2.5.3.2　聚合分析评估

除了重构误差，通过我们的方法所得出的聚合分析差异也是许多分析物联网应用的重要指标。在实验中，该方法适用于所有聚合函数，包括 AVG、MIN 和 MAX，在策略 2 下能为聚合分析差异得出的对称平均 SMAPE 最高。类似于重构误差，策略 1 在整个时间帧 T 内会得出每个驱动器节点的最低平均误差。在我们的实验中，$\alpha = 0.5$ 的值通过采用策略 3 的重构可在 3 个聚合函数中得到最低的误差。图 2-3 显示了 DS1 在 3 种聚合函数中在策略 1 下的比较结果。具体而言，从图 2-3 可以看到，聚合分析差异类似于重构误差，也要取决于 α 值的大小，较高的 α 值能产生较好的权衡关系。不过对于 MIN 函数和 MAX 函数，上述情况会在对称平均 SMAPE 约为 1.5% 后发生反转。AVG 函数会在 α 值较高时持续产生良好的权衡效果。

在图 2-3 中可观察到对于 DS1 而言，在 MIN、MAX 函数上将通信数量减少 20%，在 AVG 函数上减少 30%，仅会产生 0.5% 的误差。因此，容忍对真实结果的略微差异可以将网络的寿命提高 30%。对于能够容忍这种聚合函数更高差异的应用程序，则可以减少高达 50% 的通信数量，误差值仅为 1.5%~2%。

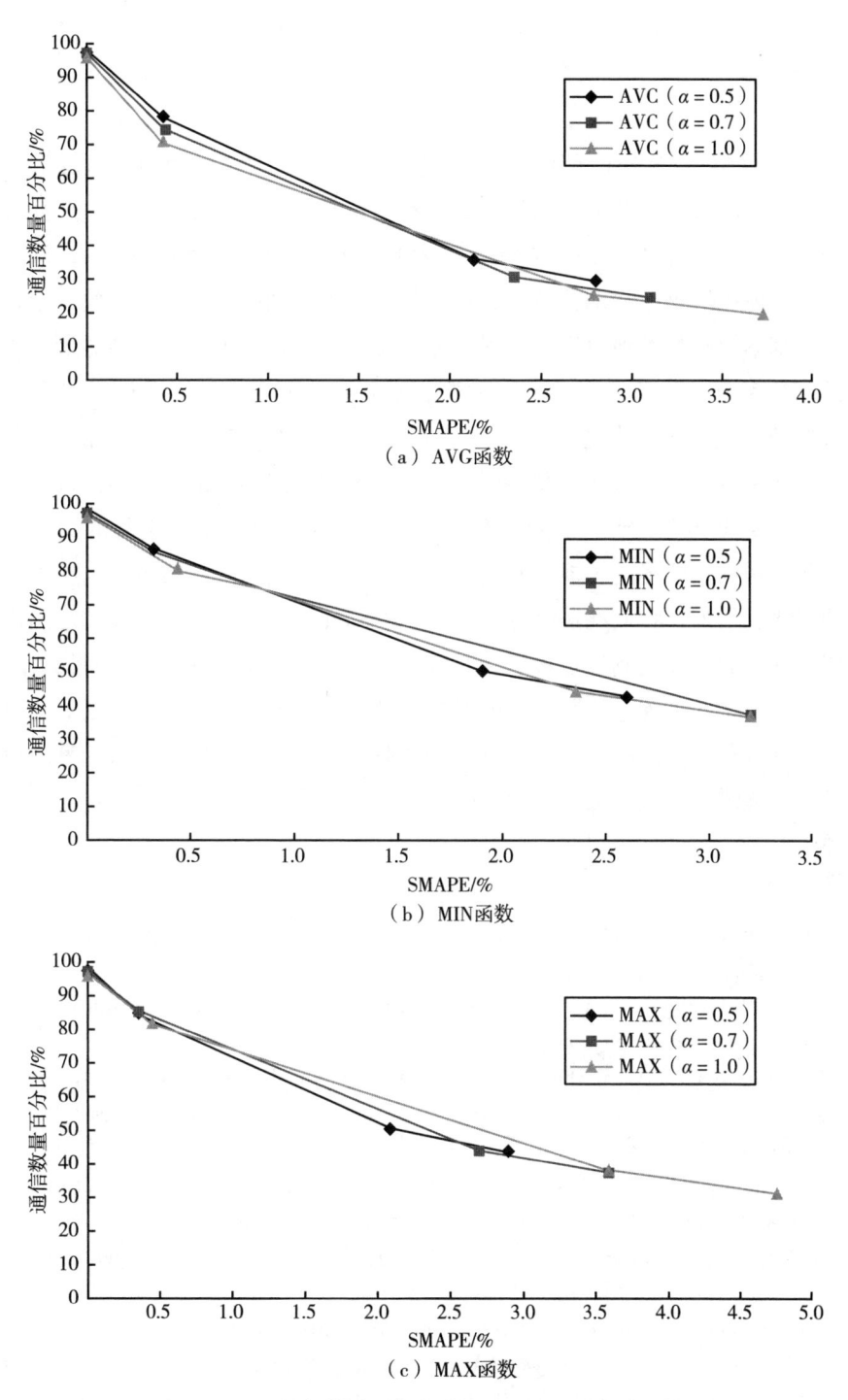

第 2 章 边缘聚合分析中智能机制的应用

（a）AVG 函数

（b）MIN 函数

（c）MAX 函数

图 2-3 DS1 与策略 1 之间的聚合分析差异权衡关系

2.6 结论

我们聚焦于边缘计算范例，利用聚合分析法处理物联网网络边缘的问题可以将复杂的分析任务分解为许多更小且更易于处理的任务，还能将此任务定位到需要处理的上下文信息来源上。我们引入了一种轻量级的分布式智能预测机制，该机制可在驱动器节点和边缘节点的边缘网络内实现通信效率聚合分析。其基本原则是本地决定是否提供上下文数据，以实现通信开销的最小化和提供高质量分析任务的保证。这种智能服务可分解为预测（通过指数平滑）、驱动器节点的决策以及边缘节点的上下文重构（通过提出 3 个策略来实现），基于上述情况，我们可通过利用所捕获的上下文数据得出的可预测性来消除网络边缘的数据传输。此外，针对聚合分析任务中的真正多维空间的文本数据集，我们对本章所述的智能机制进行了全面实验评估，并且展示了采用边缘计算的优势。另外，我们在边缘分析任务的准确性（质量）和通信开销之间进行了权衡性实验。该机制通过容忍相对较低的误差来证明其在支持高质量边缘分析方面的效率，因为边缘网络中的通信开销明显减少。未来我们计划对本研究中的机制进行某些修改以实现预测分析任务，计划的修改包括边缘计算环境中的异常值检测和线性回归预测模型的搭建。

参考文献

［1］M. Satyanarayanan et al., Edge Analytics in the Internet of Things, in *IEEE Pervasive Computing*, vol. 14, no. 2. pp. 24–31, Apr-June 2015

［2］The mobile-edge computing initiative, http://www.etsi.org/technologies-clusters/technologies/mobile-edge-computing

［3］I. Stojmenovic, S. Wen, The Fog computing paradigm: scenarios and security issues, in *2014 Federated Conference on Computer Science and Information Systems, Warsaw*, 2014, pp. 1–8

［4］S. Yi, C. Li, Q. Li, A survey of fog computing: concepts, applications and issues, in *Proceedings of the 2015 Workshop on Mobile Big Data*, 2015, pp. 37–42

［5］A. Vulimiri, C. Curino, P.B. Godfrey, T. Jungblut et al.,WANalytics: geo-distributed analytics for a data intensive world, in *Proceedings of the 2015 ACMSIGMOD International Conference on Management of Data*, 2015, pp. 1087–1092

［6］B. Cheng, A. Papageorgiou, M. Bauer, Geelytics: enabling on-demand edge analytics over scoped data sources, in *IEEE International Congress on Big Data (BigData*

Congress). San Francisco, CA, vol. 2016, pp. 101–108, 2016

［7］R. Ganti, F. Ye, H. Lei, Mobile crowdsensing: current state and future challenges. Commun. Mag. IEEE 49(11), 32–39 (2011)

［8］N. Lane, E.Miluzzo, H. Lu, D. Peebles, T. Choudhury, A. Campbell, A survey of mobile phone sensing. Commun. Mag. IEEE 48(9), 140–150 (2010)

［9］L.M. Oliveira, J.J. Rodrigues, Wireless sensor networks: a survey on environmental monitoring. J. Commun. 6(2), 143–151 (2011)

［10］J. Kang et al. High-fidelity environmental monitoring using wireless sensor networks, *Proceedings of the 11th ACM Conference on Embedded Networked Sensor Systems (SenSys '13)* (USA, Article 67, 2013)

［11］A. Awang et al. RIMBAMON: a forest monitoring system using wireless sensor networks, in *ICIAS 2007*, pp. 1101–1106, 2007

［12］E. Zervas et al., Multisensor data fusion for fire detection. Inf Fusion Elsevier 12(3), 1566–2535 (2011)

［13］C. Anagnostopoulos, S. Hadjiefthymiades, K. Kolomvatsos, Accurate, dynamic, and distributed localization of phenomena for mobile sensor networks. ACM Trans. Sen. Netw. 12, 2, Article 9 (April 2016), 59 pages (2016)

［14］S. Nittel, A Survey of geosensor networks: advances in dynamic environmental monitoring. Sensors 9, 5664–5678 (2009)

［15］Yu. Pieter Simoens, P. Pillai Xiao, Z. Chen, K. Ha, M. Satyanarayanan, Scalable crowdsourcing of video from mobile devices, in *Proceeding of the 11th Annual International Conference on Mobile Systems, Applications, and Services (MobiSys '13)* (ACM, New York, NY, USA, 2013), pp. 139–152

［16］G. Xu et al., Applications of wireless sensor networks in marine environment monitoring: a survey. Sensors 14(9), 16932–16954 (2014)

［17］G.W. Eidson et al., The south carolina digitalWatershed: end-to-end support for realtime management of water resources, in *Proceedings of the 4th International Symposium on Innovations and Real-time Applications of Distributed Sensor Networks (IRADSN 09)*, vol. 2010 (USA, May 2009)

［18］N. Nguyen et al. A real-time control using wireless sensor network for intelligent energy management system in buildings, in *Proceedings of the IEEEWorskshop on Environmental Energy and Structural Monitoring Systems (EESMS 10)*, pp. 87–92, Sept 2010

［19］K. Kolomvatsos; C. Anagnostopoulos; S. Hadjiefthymiades, Data fusion and type-2 fuzzy inference in contextual data stream monitoring, in *IEEE Transactions on Systems, Man, and Cybernetics: Systems*, vol. PP, no. 99, pp. 1–15, June 2016

［20］S.M. McConnell, D.B. Skillicorn, A distributed approach for prediction in sensor networks, in *Proceedings of the SIAM International Conference on Data Mining Workshop Sensor Networks*, 2005

[21] D. Tulone, S. Madden, An energy-efficient querying framework in sensor networks for detecting node similarities, in *Proceedings of the IEEE/ACM International Conference on Modeling, Analysis, and Simulation of Wireless and Mobile Systems (MSWiM)*, 2006

[22] S. Goel, T. Imielinski, Prediction-based monitoring in sensor networks: taking lessons from MPEG. ACM SIGCOMM Comput. Commun. Rev. 31(5), 82–98 (2001)

[23] A. Simonetto, G. Leus, Distributed maximum likelihood sensor network localization, in *IEEE Transactions on Signal Processing*, vol. 62, no. 6, pp. 1424–1437, 15 Mar 2014

[24] G. Kejela, R.M. Esteves, C. Rong, *Predictive Analytics of Sensor Data Using Distributed Machine Learning Techniques*, pp. 626–631, 2014

[25] R. Gemulla, E. Nijkamp, P.J. Haas, Y. Sismanis, Large-scale matrix factorization with distributed stochastic gradient descent, in *Proceedings of the 17th ACM SIGKDD International Conference on Knowledge Discovery and Data Mining (KDD '11)* (ACM, New York, NY, USA, 2011), pp. 69–77

[26] C. Anagnostopoulos, S. Hadjiefthymiades, Advanced principal component-based compression schemes for wireless sensor networks. ACMTrans. Sen. Netw. 11, 1, Article 7, 34 pages (2014)

[27] C. Anagnostopoulos, S. Hadjiefthymiades, A. Katsikis, I. Maglogiannis, Autoregressive energy-efficient context forwarding in wireless sensor networks for pervasive healthcare systems. Pers. Ubiquitous Comput. 18(1), 101–114 (2014)

[28] C. Anagnostopoulos, S. Hadjiefthymiades, P. Georgas, PC3: principal component-based context compression. J. Parallel Distrib. Comput. 72(2), 155–170 (2012)

[29] A. Manjeshwar, D.P. Agrawal, TEEN: a routing protocol for enhanced efficiency in wireless sensor networks, in *Proceedings of the 15th International Parallel & Distributed Processing Symposium (IPDPS '01)* (IEEE Computer Society, Washington, DC, USA), p. 189

[30] K. Papithasri, M. Babu, Efficient multihop dual data upload clustering based mobile data collection in Wireless Sensor Network, in *2016 3rd International Conference on Advanced Computing and Communication Systems (ICACCS), Coimbatore*, pp. 1–6, 2016

[31] H. Jiang, S. Jin, C. Wang, Prediction or not? an energy-efficient framework for clustering-based data collection in wireless sensor networks. IEEE Trans. Parallel Distrib. Syst. 22(6), 1064–1071 (2011). June

[32] L. Bottou, F.E. Curtis, J. Nocedal, Optimization Methods for Large-Scale Machine Learning, arXiv:1606.04838

[33] M. Dallachiesa, G. Jacques-Silva, B. Gedik, K.-L. Wu, T. Palpanas, Sliding windows over uncertain data streams. Knowl. Inf. Syst. (2014)

[34] K. Patroumpas, T. Sellis, Maintaining consistent results of continuous queries under diverse window specifications. Inf. Syst. 36(1), 42–61 (2011)

[35] D.J. Abadi, D. Carney, U. Cetintemel, M. Cherniack, C. Convey, S. Lee, M.

Stonebraker, N. Tatbul, S. Zdonik, Aurora: a new model and architecture for data stream management. VLDB J. 12(2), 120–139 (2003)

[36] D.J. Abadi, Y. Ahmad, M. Balazinska, U. Cetintemel, M. Cherniack, J.-H. Hwang,W. Lindner, A.S. Maskey, A. Rasin, E. Ryvkina, N. Tatbul, Y. Xing, S. Zdonik, The design of the Borealis stream processing engine, in *CIDR*, Jan 2005

[37] J. Gray, S. Chaudhuri et al., Data cube: a relational aggregation operator generalizing group-by, cross-tab, and sub totals. Data Min. Knowl. Discov. 1(1), 29–53 (1997). Mar

[38] A. Arasu, S. Babu, J.Widom, The CQL continuous query language: semantic foundations and query execution. VLDB J. 15(2), 121–142 (2006). June

[39] K. Patroumpas, T. Sellis, Multi-granular time-based sliding windows over data streams, in *2010 17th International Symposium on Temporal Representation and Reasoning (TIME)*, pp. 146–53, 2010

[40] K. Patroumpas, T. Sellis,Window specification over data streams, in *Proceedings of the International Conference on Current Trends in Database Technology (EDBT'06)* (Springer, Berlin, 2006), pp. 445–464

[41] D. Chu, A. Deshpande, J.M. Hellerstein,W. Hong, Approximate data collection in sensor networks using probabilistic models, in *Proceedings of the IEEE International Conference on Data Engineering (ICDE)*, 2006

[42] V.P. Chowdappa, C. Botella, B. Beferull-Lozano, Distributed clustering algorithm for spatial field reconstruction in wireless sensor networks, in *IEEE 81st vehicular technology conference (VTC Spring), Glasgow*, vol. 2015, pp. 1–6, 2015

[43] C. Anagnostopoulos, T. Anagnostopoulos, S. Hadjiefthymiades, An adaptive data forwarding scheme for energy efficiency in Wireless Sensor Networks, in *5th IEEE International Conference Intelligent Systems* (London, 2010), pp. 396–401

[44] J. Durbin, S. Jan Koopman, *Time Series Analysis by State Space Methods* (Oxford Statistical Science Series, 2012)

[45] S. De Vito, E. Massera, M. Piga, L.Martinotto, G. Di Francia, On field calibration of an electronic nose for benzene estimation in an urban pollution monitoring scenario. Sens Actuators B: Chem. 129(2), 750–757, 22 Feb 2008. ISSN 0925-4005

[46] C. Tofallis, A better measure of relative prediction accuracy for model selection and model estimation. J. Oper. Res. Soc. 66(8), 1352–1362

第3章
基于发布-订阅模式的无线传感器网络监测模型

克马尔·卡格里·塞尔达罗格鲁，陶菲克·卡迪欧格鲁，谢布内姆·贝迪尔

摘要：基于物理数据的计算时代即将来临。互联网将成为收集现实世界数据的主要基础设施，以增强对物理世界的远程监控的普遍性，因此物联网网关的重要性变得越来越突出。传统的网关只是简单的协议转换器，但考虑到所要连接"事物"的数量激增，互联模型在网关中增加了更多功能。在这种情况下，物联网网关还应作为处理数据、管理数据流量并成为支持设备系统的智能元件或应用程序平台。在本章，我们简要介绍最先进的互联解决方案，并提出一种基于发布-订阅模式的服务系统，用于从无线传感器网络定期获取数据。该服务系统是一种互联模型，基于网络服务器的物联网网关架构 Wisegate。该架构及其服务通过后端的基于 IPv6 的低速无线个域网标准（6LoWPAN）边界路由器（6LBR）和传感器节点（6LN）上的轻量级堆栈实现，用以显示后端端口间的可操作性。实验结果表明，所提方法在既定设置中具有激励延迟和响应时间的特性。

3.1 引言

收集现实世界数据的互联网需要高密度部署能够与 IP 网络一起运行的无线传感器网络。无线传感器网络和物联网平台的集成为满足现代社会需求的新应用创造了新的机遇。本章讨论无线传感器互操作性问题并提出一种新颖的基于发布-订阅模式的互联解决方案，该方案称为 Wisegate-P/S 模型，可用于监测无线传感器网络。该模型是文献中提出的 Wisegate 架构的增强版[1]。题

述 P/S 模型在因特网客户端和传感器节点之间提供了用于传感器周期性数据采集的多对多连接方式。我们在实验设置中利用传感器节点上的轻量级协议栈来显示其优于当前可用解决方案的优势，完善了该架构组件。本章其余部分结构如下：3.2 和 3.3 节讨论通用型互联模型并找到了实现这些模型的最先进的解决方案；3.4 节描述 Wisegate 架构的一般结构和题述互联模型的模块组成；3.5 节解释所述的实验设置；3.6 节讨论实验中获得的结果并总结未来的研究方向。

3.2　无线传感器网络的互联模型

通常，两种基本方法及其衍生方法可实现无线传感器网络与因特网的互操作性[2]。第一种方法是代理方法，使用代理服务器来实现两个网络的互联。虽然此代理服务器是因特网客户端的前端服务器，但在因特网后端会使用无线传感器网络的专用协议来收集物理数据。第二种方法是基于传感器节点堆栈的方法，可使用客户端和传感器节点之间的端口互联方案，并且需要适配网关和网络堆栈用于满足传感器节点上的因特网所需的传统协议需求。在第二种方法中，无线传感器网络可看作互联网网络，路由、邻居发现、网络节点寻址、网络管理功能以及一些传输层功能（如端到端之间的可靠数据传输）等网络功能都被添加到了无线传感器网络节点中的通信堆栈上。

不过，上述两种方法优点和缺点并存。第一种方法使用了代理服务器作为数据服务器，传感器数据获取机制无须资源约束传感器节点上的 IP 堆栈。因此，传感器节点不会将其计算源专用于 IP 堆栈活动，无线传感器网络仅使用针对其自身定制的约束协议。不过，这种方法缺乏标准化的代理服务器间的操作模型，代理服务器必须经过语义转换。而第二种方法使用了更具标准化特性的解决方案。在该模型中，通用标准可保证网关和传感器节点上的数据和网络相适配。因此，利用这些标准可轻松实现因特网和无线传感器网络节点之间的端口交互。不过，IP 通信栈则需要更多传感器节点上的计算和内存资源。而这意味着无线传感器网络一端的功耗会更高。

代理服务器和网关方法可通过多种互联模型来实现。这些模型在设计上特别考虑了如数据收集方案、互联方法、模型的实现区域、数据适应性以及在这些模型中的实现方法等因素。3.3 节将阐述大部分与此相关的先进技术。

3.3 前沿的技术解决方案

Ting 等人[3]使用基于代理服务器的代理方法进行互联。在这项工作中，用户代理服务器用于响应客户端对传感器数据的请求。系统会创建一个新的用户代理服务器用于从无线传感器网络收集传感器数据。陈（Chen）等人[4]提出了一种智能网关的原型，可作为无线传感器网络的代理服务器。该代理服务器模型分为简单模型和智能模型两种。在简单模型中，代理服务器充当转发服务器，仅将物理数据转发到客户端。而在智能模型中，代理服务器具有决策机制并能充当前端服务器。该决策机制可用于做出某些实时决策并将这些决策发送给客户。桑托斯（Santos）[5]等人研究了用于健康监控的全球物联网架构的代理服务器。该研究使用前端服务器和数据库来记录物理数据，并将其提供给不同客户（例如医生或药剂师）。

传感器堆栈方法已广泛用于多种互操作性的一些研究中。哈文（Harvan）等人[6]引入了一种用于互联的 6LoWPAN 堆栈，该堆栈专门为 TinyOS 2.0 操作系统[7]而设计，并专门在 TelosB 和 MicaZ 传感器节点上进行了测试。该堆栈可支持传感器节点上的用户数据报协议（UDP），也可用于 6LoWPAN[8]的必要报头压缩方案。在网关的设计上，适配机制需要隧道守护进程和 Tun 设备来绕过链路层帧。丹凯尔（Dunkels）等人[9]为 IP 传感器节点引入了 uIPv6（微 IPv6）和 lwIP（轻量级 IP）堆栈，他们的成果可将传输控制协议（TCP）集成到传感器节点以实现端到端可靠通信的目的，这是受到认可的早期成果之一。当 uIPv6 专门用于小型设备时，lwIP 可支持额外的 IPv6 操作，如互联网控制信息协议版本六（ICMPv6）、ND 和 DAD。这些堆栈都融合在了康提基操作系统（Contiki OS）[15]中。

表 3-1 中列举了一些最新的物联网应用中的数据协议标准，上述研究为这些协议标准的形成奠定了基础。这些协议在不同的软件平台中具有不同的表现形式。约束应用协议（CoAP 协议）[10]是用于资源约束设备的表述性状态传递（REST）标准。该协议可使终端设备能够使用超文本传输协议（HTTP）与网络协议（IP）节点传递消息指令以进行通信。CoAP 协议在受限环境（如无线传感器网络）和因特网之间能够使用代理服务器。在代理服务器的帮助下，因特网云中的超文本传输协议服务器可以与资源约束节点进行通信。CoAP 协

议代理服务器会操作双协议栈以进行互联。该协议使用用户数据报协议作为网关和传感器节点之间的传输协议。由于使用用户数据报协议的数据传输不具有可靠性，CoAP 协议还需额外配有重传丢失数据包的超时机制。

表 3-1 常用的物联网数据协议

协议	CoAP	RESTful HTTP	MQTT	WebSocket
传输层	UDP	TCP	TCP	TCP
消息	Request/response periodic	Request/response	Pub/sub	Asynchronous
无线传感器网络兼容性	优秀	兼容	兼容	兼容
硬件资源	10Ks	10Ks	10Ks	10Ks
社区	IPSO, OMA, IETF, nem2n	IETF, oneM2M	IBM	IETE
安全	Opt.DTLS	Opt.SSL/TLS	Opt.SSL/TLS	Opt.SSL/TLS
延迟	中等	中等	良好	良好
云的兼容性	良好	良好	良好	中等
电源兼容性	良好	良好	中等	良好
设备发现	优秀	依赖应用	良好	依赖应用

从表 3-1 可以看出，CoAP 协议比其他协议更高效，因为该协议是基于用户数据报的协议。不过，每个节点都需要来自相应用户的直接连接请求。节点的功耗会由于请求、响应或可选的周期连接架构而增加。超文本传输协议也具有与 CoAP 协议类似的连接体系架构，因此具有同样的缺点。

消息队列遥测传输（MQTT）协议[11]为遥测应用提供了设备数据收集服务。其目标是从多个设备收集数据并将其传输到信息网络基础架构中。该协议专门用于需要被云端监测或控制的小型设备的大型网络。消息队列遥测传输协议可支持发布-订阅模式模型。不过，由于消息队列遥测传输协议的主题必须放在发送到服务器的每条消息指令中，因此该协议会有额外的功耗，这限制了其自身的可扩展性和实时性能[16]。

WebSocket 协议[12]可适用于客户端或服务器架构，还支持流式传输功能。因此该协议提供了一种基本的连接方案，例如用户数据报协议或传输控制协议套接字以及管理来自单个端口的所有客户端连接的能力。该协议还支持低协议功耗的多对多连接方式。在使用 ZigBee、Z-Wave 或其他不支持网络协议的无线传感器网络协议时，由于可以通过单个接口流传输多种连接信息，所以WebSocket协议连接结构在架构设计上有着一定的优势。因此，题述Wisegate-P/S架构使用了WebSocket协议来访问传感器节点。

3.4 Wisegate模型

Wisegate模型是一种服务方案，可用于通过因特网和传感器节点实现客户端之间端口的可靠互联。该模型使用网络服务器来处理多个客户端的请求或响应机制，还能维护服务器和客户端之间端口的连接。此外，该模型具有分组适配层，可将来自客户端的请求消息指令转换为字节编码的表示形式，并对来自传感器的字节编码消息指令进行解码，最终为客户端生成响应消息指令。为了使传感器节点与网关适配，传感器节点上专门设计了轻量级中间件。该中间件可解码来自IP客户端的字节编码请求，并生成对网关的字节编码响应消息指令。关于该转换协议的细节可参见文献[1]。

在Wisegate模型中，上述的服务方案由两个交互模块来实现。前者是服务器前端的网关应用程序，该程序可处理应用程序协议并维护来自客户端的传入连接；后者是适配层，该适配层可在网络服务器的后端实现与无线传感器网络进行交换请求/响应数据和通信的功能。

Wisegate-P/S模型是可从无线传感器网络获取周期性传感器数据的发布−订阅模式方案的监测模型。Wisegate模型网络服务器会发生突变，以使引入服务器的客户端订阅传感器服务。该服务器端口会定期从无线传感器网络向其后端的数据库生成传感器数据，并根据订阅的主题，即客户端的传感器数据请求合同，将这些数据发布到客户端。每个客户端的订阅模型会在服务器中记录一个主题。

3.4.1 架构设计

Wisegate-P/S模型具有多个组件，如图3-1所示。与客户端应用程序相交互的用户代理服务器会将用户订阅到服务器并根据其主题生成的响应消息指令来发布内容。在后端运行的传感器代理服务器可通过WebSocket协议接口连接到传感器节点，并从与自身连接的传感器节点收集数据。该代理传感器能将传感器数据保存在服务器的数据库中。而主题和搜索引擎可在数据库中记录已订阅客户端的主题。当传感器代理服务器在保存数据时，主题和搜索引擎会在数

```
          ┌─────────┐
    U.A. ─┤         ├─ S.A.
    U.A. ─┤         ├─ S.A.
    U.A. ─┤         ├─ S.A.
          │ 主题与搜索 │
     ⋮    │   引擎    │
          │   (DB)   │
    U.A. ─┤         ├─ S.A.
    U.A. ─┤         ├─ S.A.
    U.A. ─┤         ├─ S.A.
          └─────────┘
```

U.A.——用户代理；S.A.——传感器代理。

图 3-1　Wisegate-P/S 模型的操作部分

据库中查找客户端主题，找到请求此传感器数据的用户代理服务器，并将这些数据发送给这些用户代理服务器。

用户代理服务器模块具有若干子模块，如图 3-2（a）所示。订阅主题解析器能够将订阅消息指令划分为主题令牌并将其发送到对应的主题记录器子模块。主题记录器会将令牌保存到数据库。当客户端连接到服务器以进行订阅时，这些子模块会执行一次操作。消息指令发布端从搜索引擎获取传感器数据，生成客户端消息指令并将其发送到客户端。

传感器代理服务器模块具有两个子模块，如图 3-2（b）所示。传感器信息提取器可从连接到传感器节点的 WebSocket 协议中获取传入的传感器数据，并将其发送到传感器数据记录器。随后该记录器会更新相应传感器节点和传感器类型的传感器数据。

3.4.2　检查、订阅和数据模型

在发布-订阅操作成功之前，Wisegate-P/S 模型服务器应侦听所有传感器节点，并对这些节点提供的服务进行检查。因此，如图 3-3 所示，在完成传感器节点的连接任务后，服务器会向节点发送服务检查消息指令。传感器节点能将自身提供的服务回复给服务器。图 3-4 所示为服务列表消息指令结构，当服务器获得该服务列表时，会将服务器和传感器节点 ID 保存到数据库中，并通过已经建立的连接为该传感器节点创建传感器代理服务器。

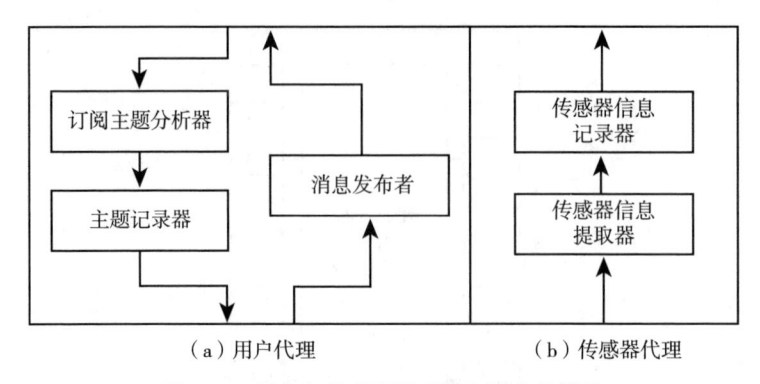

```
┌─────────────────────────────────┐   ┌─────────────────────────────────┐
│   订阅主题分析器                │   │      传感器信息记录器           │
│                                 │   │                                 │
│      消息发布者                 │   │      传感器信息提取器           │
│      主题记录器                 │   │                                 │
└─────────────────────────────────┘   └─────────────────────────────────┘
         (a) 用户代理                          (b) 传感器代理
```

图 3-2　用户和传感器代理服务器中的模块

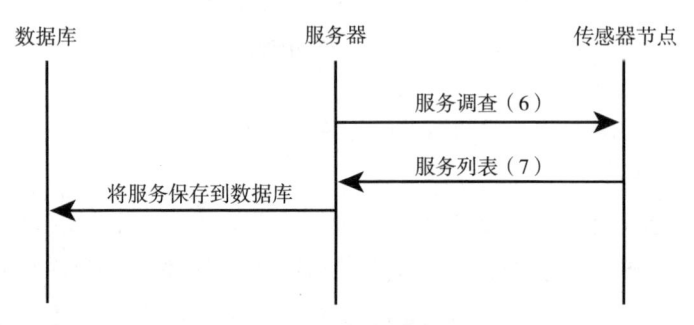

图 3-3　服务调查操作

客户端在订阅前应按照图 3-5 所示的步骤注册服务器。首先，客户端将用户名和密码发送到服务器进行注册。注册后，服务器发送一组由响应的传感器节点引入自身的可能的传感器服务。该命令消息指令的结构如图 3-4 所示。然后，客户端可以订阅到服务器上。在订阅过程中，客户端可使用上述命令消息指令中获得的服务创建自身的用户主题，主题消息指令的结构如图 3-4 所示。客户端会将主题消息指令发送到服务器，其中也包括在完成注册操作之后获得的用户 ID。最后，服务器会读取主题并将客户端的主题保存在数据库中。客户端在订阅后就无须在之后的登录操作中发送自身的主题。

如图 3-6 所示，客户端登录过程只需几步就可完成。每当客户端想要登录服务器时，都应提供一个用户名和密码并在注册操作中记录下来，以此使用客户端主题中确定的服务。对于登录操作，服务器会订阅客户端并创建用于发布操作的用户代理服务器。

图 3-7 所示为发布操作。每当传感器节点准备自身数据时，会以周期性

(1) client_register_message={client_name,client_password}
(2) services_for_subscribe_message={services:[service]}
service={node_id,service_id,service_description,possible_publish_periods:[int]}
(3) topic_for_subscribe_message={client_id,topic_parts:[topic_part]}
   topic_part={node_id,service_id,publish_period}
(4) client_login_message={client_name,client_password}
(5) send_client_topic_message={client_id, topic_parts:[topic_part]}
   topic_part={node_id,service_id,service_period}
(6) service_investigation_message={service_start}
(7) services_list={services:[service]}
   service={service_type,service_description}
(8) periodic_sensor_data_message={sensor_id,service_type,value}
(9) publish_message={sensor_id,service_type,value}

图 3-4　消息指令和数据类型

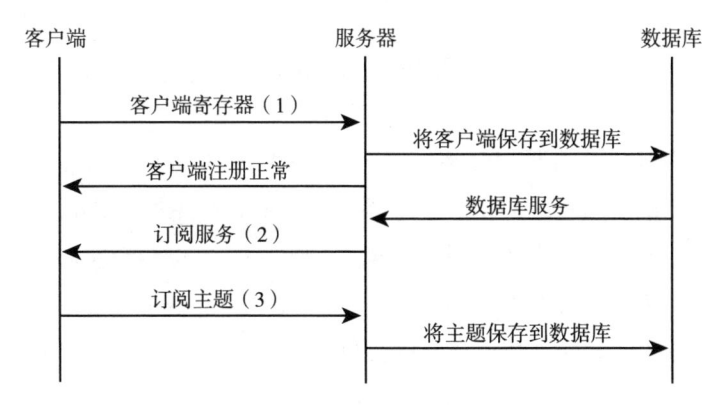

图 3-5　客户注册操作

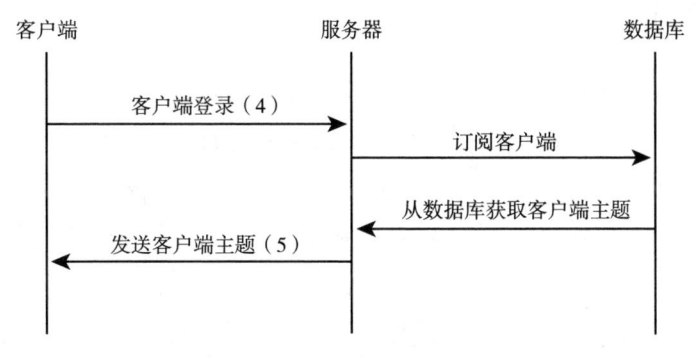

图 3-6　某个客户端的登录操作

传感器数据消息指令的形式将这些数据发送到服务器相应的传感器代理服务器（消息指令结构如图 3-4 所示），服务器就会读取传感器值、节点 ID 以及消息指令的服务类型，并将其存储在数据库中。紧接着，服务器会搜索主题并找到相应的客户端，并使用相应的用户代理服务器将传感器数据发送到客户端。最后，用户代理服务器就会将数据发布到客户端。

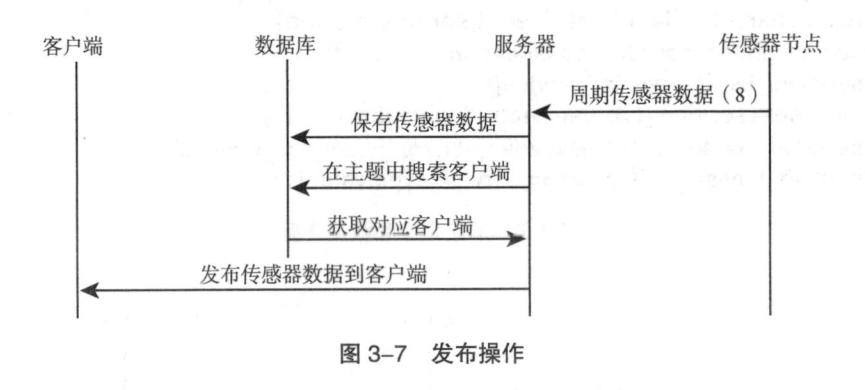

图 3-7 发布操作

图 3-4 所示为所有数据和消息指令的格式，服务器使用类似 JavaScript 对象 JSON 数据结构中的消息指令与客户端和传感器节点进行交互。对于主题和搜索引擎，服务器会提供非关系型数据库（NoSQL）并将传感器数据和客户端主题保存在里面。数据库使用元组保存，元组信息是包括节点 ID、传感器类型、传感器数据和时间戳数值在内的传感器数据集合，以及包括唯一生成的客户端 ID、传感器节点 ID 和传感器类型在内的客户端主题集合。

3.5 实验部分

我们设置了 Wisegate 模型架构及其 P/S 模型服务，以便更深入地了解其建立和维护连接功能的能力。我们还针对不同数量的连接情况分析了系统在端口之间延迟和响应时间特性方面的性能。另外，我们在自定义传感器节点（6LN）和边界路由器（6LPR）的基础上开发出了如下所述的软件。由于旨在降低传感器网络的功耗，因此首选 6LoWPAN 技术作为接入层协议。6LoWPAN 适配层可允许 IPv6 数据包在小链路层帧中高效传输，例如 IEEE 802.15.4 [13] 定义的小链路层帧。6LoWPAN 是互联网工程任务组（IETF）在 RFC 6282 中定义的一种开放标准，其全称是基于 IPv6 的低速无线个域网标准。如今，众多物联网操作系统（如 Contiki、TinyOS、RiOT、OpenWSN、Nano-RK 等）都支持 6LoWPAN 协议。我们的软件堆栈就是基于 Contiki 操作系统[14]而建立起来的，该系统是许多物联网应用的标准平台。Contiki 操作系统软件具有强大的协议栈，能够定期更新以支持常见的物联网协议标准。该软件还能与 TinyOS 系统相兼容，并具有操作系统应用软件界面的优点。此外，Contiki 操作系统已经得到开发并应用于具有小内存的微控制器中。换言之，基本的 Contiki 系统配置只需要 2 kB 的随机存取存储器（RAM）和 40 kB 的只读存储器（ROM）。不过，根据所使用的软件库和应用程序的不同，RAM 可能需要约为 10 kB/s 的传输速度。

3.5.1 物联网节点 6LN

我们把美国德州仪器公司（TI）开发的传感标签硬件（CC2650STK）用作实验装置中的传感器节点。图 3-8 所示的传感器节点（6LN）具有纽扣电池座，板上还有各种传感器可用于光线、温度、压力、声音、振动、磁场等测量应用中。我们在 Contiki 操作系统及其自身的 SICSlowpan（6LoWPAN）堆栈上创建了我们的无线传感器网络[15]。

图 3-8　传感标签硬件（CC2650STK）

3.5.2　6LoWPAN 边界路由器 6LBR

我们把内斯塔电子设备生产公司（Nesta Electronics）开发的 6LoWPAN 网络 LPGv1.1 用作实验中的边界路由器。图 3-9 所示为该边界路由器的硬件组件和相应的符号模型。该硬件组件具有 2.4 GHz CC2538 系统级芯片（SoC）和 866 MHz CC1200 收发器，用于创建和管理 6LoWPAN 网络。IPv4 端有基于串行外设接口的以太网端口物理层和带有 MAC 的 enc28j60。其中的电源电路可以通过电池供电，经由以太网供电（PoE）或 USB 供电，还可以执行必要的开关操作。此外，可选的无线局域网（Wi-Fi）、通用分组无线服务（GPRS）和近场通信（NFC）接口也在开发之中。

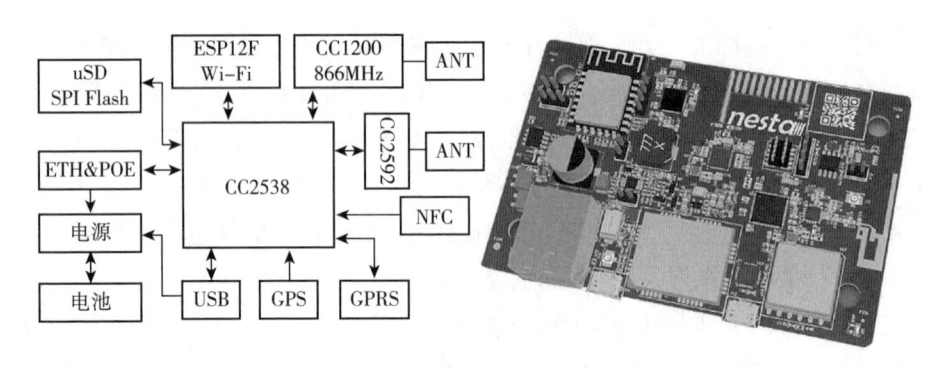

图 3-9 边界路由器 6LBR

我们使用 6LBR[17] 作为边界路由器软件，并对其硬件差异进行了一些更改。在边界路由器上运行的 NAT64 和 DN64 可用于节点，用于连接因特网或在本地网络上传输数据，在 6LBR 和 6LN 上运行的协议栈配置如图 3-10 所示。

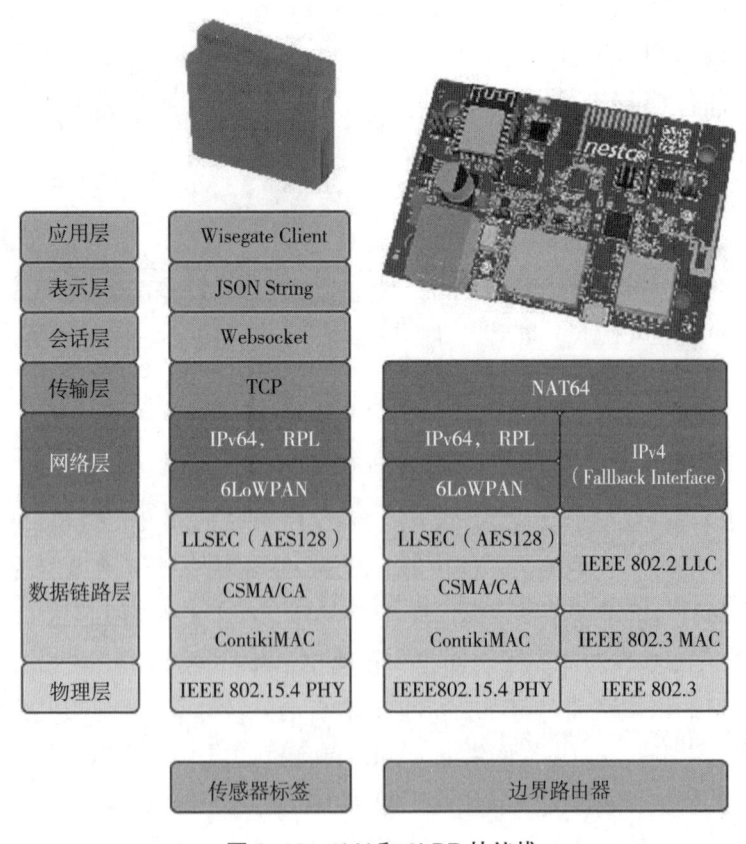

图 3-10　6LN 和 6LBR 协议栈

图 3-11 所示为整个系统的连接图，6LNs 可通过带有 IPv4 的 6LBR 连接到运行 Wisegate 模式的服务器。而由于 Wisegate 模式应用程序与 6LoWPAN 网络位于同一本地网络内，因此不需要支持 IP64 的设备，不过使用 IP64 设备可使得 Wisegate 程序在因特网的服务器上顺利运行。

6LoWPAN节点　　边界路由器　　Wisegale服务器　　互联网　　客户端/用户
（6LN）　　　　（6LBR）

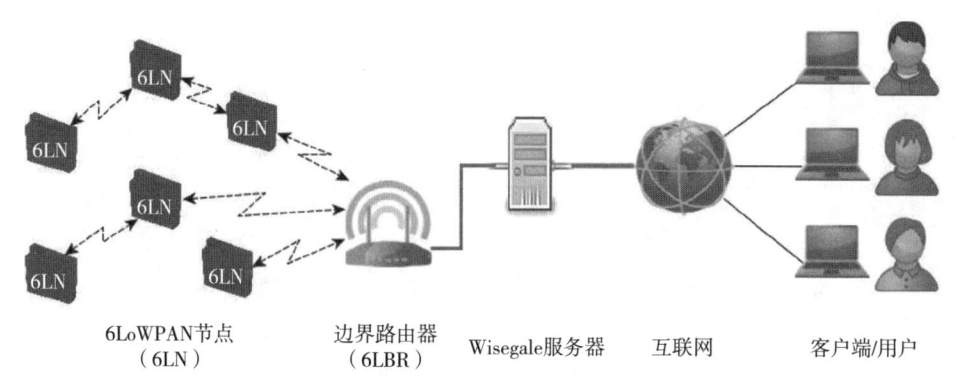

图 3-11　6LN、6LBR 和 Wisegate 连接图

3.6　实验结果与结论

我们使用 3.5 节中描述的实验流程设计了一些实验，通过因特网将 N 个网络客户端连接到 1 个传感器节点（$N-1$）。在所有实验中，客户端数量（N）保持以 1~32 的对数尺增加。而在每个实验中，使用订阅客户端来同步监测被 Wisegate-P/S 管理的传感器节点。该传感器节点能利用感测周期（SP）周期性地感测环境，并将传感器数据发布到客户端。在每个客户端中，都使用一个程序来获取传感器数据并获得两个连续传感器数据到达的时间差。在整个结果评估过程中，我们将此值称为 D 值。在每个实验中，我们能从每个客户端获得 50 个连续的 D 值。我们还会对每个实验进行 10 次重复操作并计算 D 值的平均值。

图 3-12~图 3-15 说明了具有不同感测周期的传感器节点的 D 值平均值。由于客户端与服务器、服务器与传感器节点侧的底层 MAC 中都存在抖动现象，因此 D 值可以在感测周期上下浮动变化。即使 D 值会变化，我们仍可以观察到当感测周期分别为 5000 ms、1000 ms 和 500 ms 时，D 值的平均值非常接近感测周期。此外，我们观察到客户端数量的增加并不会影响 D 值平均值的变化。不

传感器数据平均到达时间
SP=5000 ms

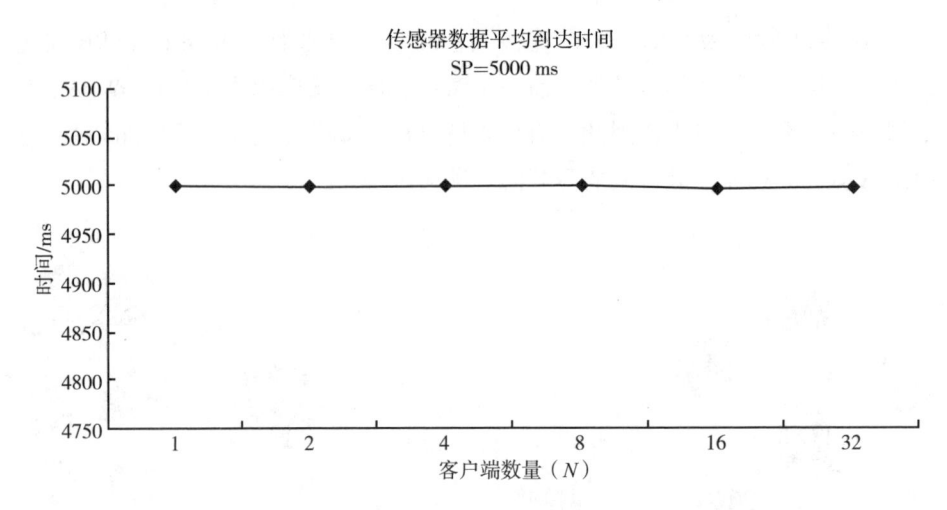

图 3-12　N 值最高达 32 时与 SP 为 5000 ms 时的结果

传感器数据平均到达时间
SP=1000 ms

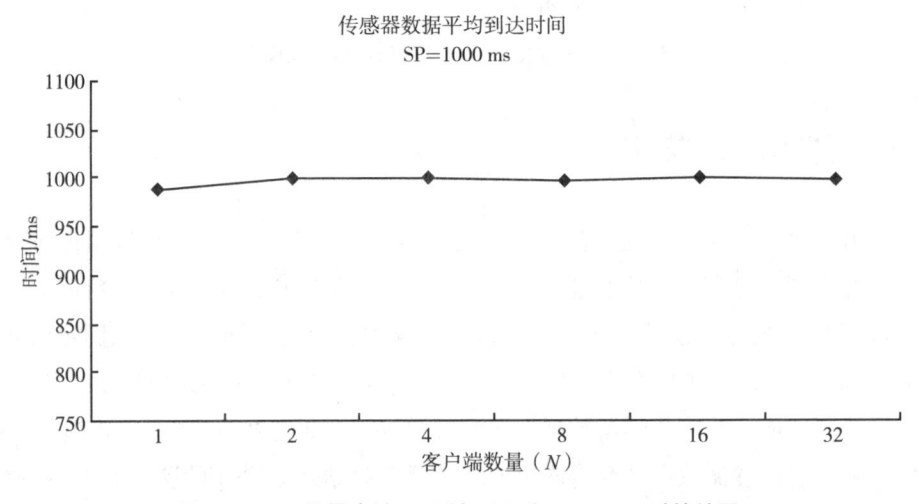

图 3-13　N 值最高达 32 时与 SP 为 1000 ms 时的结果

过，当我们将感测周期设置为 250 ms 时，D 值的平均值会大于感测周期，但仍然具有相当低的抖动现象。

以上结果表明，通过因特网同时到达同一传感器而不会有任何实时延迟的客户端峰值数量为 32 个。总之，(N–1) 测试结果对于不同数量的客户端和采样率非常适用。我们计划将来进行更多的实验来分析（1–N）和（N–N）连接模型的限制条件，以及更复杂的无线传感器网络结构。我们还打算通过

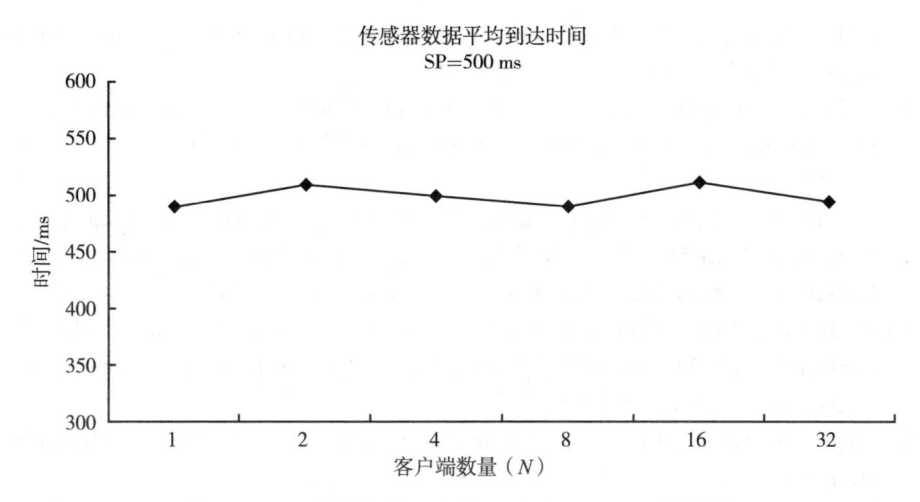

图 3-14 N 值最高达 32 时与 SP 为 500 ms 时的结果

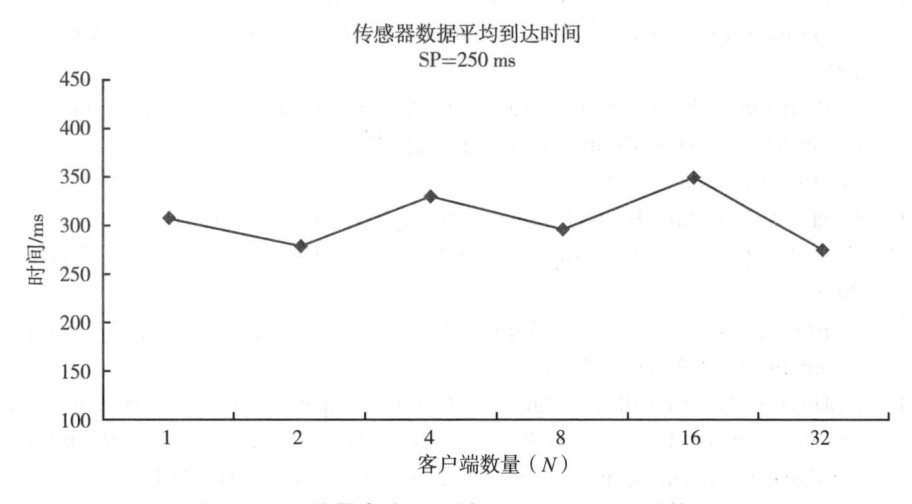

图 3-15 N 值最高达 32 时与 SP 为 250 ms 时的结果

Wisegate-P/S 模型来设计其他服务器，并将其作为物联网应用的开放性服务平台。

参考文献

[1] K.C. Serdaroglu, S. Baydere, WiSEGATE: wireless sensor network gateway framework for internet of things. Wirel. Netw. 22, 1475–1491 (2016)

[2] J.J.P.C. Rodrigues, P.A.C.S. Neves, A survey on IP-based wireless sensor network solutions. Int. J. Commun. Syst. 23(8) (2010)

[3] H. Ting, C. Xiaoyan, Y. Yan, A new interconnection scheme for WSN and IPv6-based, in *Proceedings of Information, Computing and Telecommunication 2009 Conference, YC-ICT'09*, 2009

[4] Y. Chen, A smart gateway design for WSN health care system, Master thesis report, 2009

[5] A. Santos, J. Macedo, A. Costa, M. João Nicolau, Internet of things and smart objects for M-health monitoring and control. Procedia Technol. J. Elsevier, 16, 1351–1360 (2014)

[6] M. Harvan, Connecting wireless sensor networks to the internet: a 6lowpan implementation for TinyOS 2.0, Master thesis report, School of Enginnering and Science, Jacobs University Bremen, 2007

[7] TinyOS overview (2017), http://tinyos.stanford.edu/tinyos-wiki/index.php/TinyOS_Overview

[8] G. Montenegro, N. Kushalnagar, J. Hui, D. Culler, Transmission of IPv6 packets over IEEE 802.15.4 networks. RFC 4944, IETF, 2007

[9] A. Dunkels, Mmspeed: full TCP/IP for 8-bit architectures, in *Proceedings of the 1st International Conference on Mobile Systems, Applications and Services, MobiSys 03* (2003)

[10] C. Bormann, A.P. Castellani, Z. Shelby, CoAP: an application protocol for billions of tiny internet Nodes. IEEE Int. Comput. 16(2) 2012

[11] MQTT (2017), http://mqtt.org

[12] I. Fette, A. Melnikov, The web socket protocol. RFC 6455, IETF (2011)

[13] Z. Shelby, C. Bormann, *6LoWPAN: The Wireless Embedded Internet*, vol. 43 (Wiley, 2011)

[14] T. Borgohain, U. Kumar, S. Sanyal, Survey of operating systems for the IoT environment (2015), arXiv:1504.02517

[15] A. Dunkels, B. Gronvall, T. Voigt, Contiki-a lightweight and flexible operating system for tiny networked sensors, in *Proceedings of the 29th Annual IEEE International Conference on Local Computer Networks 2004*, pp. 455–462, Nov 2004

[16] B. Tudosoiu, Feasibility Study: Minimum Viable Device to Support Internet of Things Realization, Mobile Heights, (Lund, Jan 2014)

[17] L. Deru, S. Dawans, M. Ocaña, B. Quoitin, O. Bonaventure, redundant border routers for mission-critical 6lowpan networks, in *Real-World Wireless Sensor Networks* (Springer International Publishing, 2014) pp. 195–203

第 4 章
物联网中的数据管理

塞布丽娜·西卡里，亚历山德拉·里萨帝，钦齐亚·卡佩罗，
达尼埃莱·米欧兰迪，阿尔贝托·科恩-帕里西尼

摘要：物联网技术的普及不仅能提供先进和有价值的服务，而且会带来一些挑战。越来越多的异构互联设备造成了可伸缩性和互操作性问题，因此需要一个灵活的中间件平台来管理所有的源，以及与数据收集和集成相关的所有工作。事实上，大量的数据必须得到妥善的管理。特别需要注意的是，一方面，必须保护数据免受安全威胁；另一方面，只有当数据的质量适合于被使用的流程时，这些数据才是有用的。出于这些原因，了解数据质量和安全级别，从而明确数据是否可信并可用，对于那些意图利用这些收集到的数据的应用程序或用户至关重要。在本章中，我们提出一个用于管理物联网数据提取和处理的分布式架构，这种架构还包括用于评估所考虑的数据源的数据质量和安全级别的算法。这种架构的原型已通过用户界面得以实现，在满足安全性和数据质量要求的基础上，或许可以访问那些能够从物联网设备中筛选数据的数据服务。本章对这一原型进行描述，并展示几个实时开放数据流（data feeds）的实验，这些数据流可靠程度、质量和安全性不一。

4.1 绪论

物联网技术的普及将日常物品变成了智能物品。全球网络基础设施允许实物或事物在它们所处的环境之间交互，以便实现既定的目标[1]。这种交互以及感知数据的收集和整合，不仅能够为多种应用领域的个人和企业提供创新和定制服务，也带来了许多挑战。实际上，由此产生的系统可能包含大量异构

设备，造成可扩展性和互操作性问题。2020年互联网连接的事物数量达到200亿以上，因此兼容并能够处理各种协议变得非常必要。此外，将实物连接到网络意味着大量数据的传输和管理需要得到合理管控。在本章中，我们着重强调数据管理，包括数据流程和风险管理的分析，尤其是数据管理对法规符合性、安全性、隐私和质量的保证。

通常人们普遍认为安全和隐私是关键问题[2]，除了需要考虑与网络通信相关的安全问题，人们还必须考虑到设备只有有限的接口来监控网络入侵，并且设备数据漏洞常常被用来攻击系统。在这种情况下，必须保证传输和存储信息的保密性和完整性，并且设备必须提供身份验证和授权机制，以防止未经授权的用户或设备非法访问系统。此外，数据通常与个人隐私和/或敏感信息有关，用户的隐私权，即支持数据保护和用户匿名的能力必须得到保证[3]。

正如前面所说的，大量的可用数据使智能服务设计成为可能。但是，为了获得有价值的结果，需要注意并非所有的值都是有价值的：错误、缺失或失效值可能会对决策产生负面影响[4, 5]。数据质量是大规模采用物联网服务需要考虑的一个基本要求；提供的结果应该是正确和可靠的，或者至少用户应该知道正在访问的数据的安全性和质量水平如何，以便对数据使用做出正确的决策。

出于这些原因，我们认为应该有一个有效的数据管理系统，该系统能够管理异构数据源并能够实时自动评估所收集、处理和传输信息的安全性和质量。设计这种系统必须处理动态的物联网环境，另外需要注意的是，随着时间的推移，输入源的构成可能会变化，包括增加新的数据源或消除旧的数据源。在本章中，我们提出新的算法，用于评估随着时间的推移不同数据源的安全性和质量等级。

这些算法集成在现有的物联网中间件中，我们在先前的研究中将这种中间件命名为网络化智能对象（NOS）[6-8]。网络化智能对象是将计算能力强的设备连接起来创建分布式处理和存储层，能够处理从物联网数据源收集的数据。网络化智能对象收集附近物联网设备生成的数据，然后处理数据并最终将处理后的数据传输到发布/订阅代理服务器。这类中间件的功能包括帮助用户和应用程序动态地在数据安全性和质量等级方面明确他们的需求。通过这种方式，该架构能够评估数据安全性和质量元数据，并仅筛选出满足用户/应用程序需求的数据。传统的一刀切方式为所有消费者提供相同的信息而不考虑他们的特定偏好，与之相比，这种个性化行为是一种显著的创新。我们还提供了图示架构的原型，并且使用了实时开放数据流。

本章的内容结构如下：4.2 节描述在物联网背景下有关安全性和数据质量问题的文献。4.3～4.5 节分别介绍用于评估安全性和数据质量级别的架构和算法。4.6 节描述使用的原型以及验证阶段获得的结果。4.7 节是结语。

4.2 相关研究

缺乏参考模型是限制物联网增长和腾飞的主要因素之一[9]。有许多项目试图通过分析此情境下的需求来设计一个通用架构。例如，物联网架构（IoT-A）项目的主要目标一直是设计一个架构参考模型用于满足物联网系统互操作性[10]。在用于服务创建和测试的物联网环境（IoT.EST）[11]中已经存在一种用于服务编排和自适应的动态架构。物联网架构项目定义了一个动态的服务创建环境，该环境利用不同的通信技术和格式，收集和利用来自传感器和制动器的数据。这种架构处理的问题包括基于可重用的物联网服务组件的业务服务组合、针对"事物"的服务自动配置和测试以及为确保互操作性而提取基础技术的异构性等。此外，FP7 COMPOSE 项目[12]侧重于服务组合，它旨在设计和开发一个关于物联网数据和服务的开放市场，核心理念是将智能物体视为服务，使用标准的面向服务的计算方法对这些服务进行管理，并将服务进行动态组合以向终端用户提供增值的应用程序。Ebbits 项目[13]中提出了另一种架构，即设计一个基于开放协议和中间件的面向服务架构（SOA）平台，有效地将物联网子系统或设备改为语义 Web。这一目标是允许企业将物联网集成到主流企业系统中，并支持端到端业务应用程序的互操作性。

以上文献表明，研究人员一致同意基本模型是由应用层、网络层和感知层组成的 3 层架构[9, 14]。然而，在文献中也提及了其他模型，这些模型为物联网架构注入了更多的抽象概念[14, 15]。

在研究中，我们还尝试为物联网应用程序设计轻量级的灵活中间件，并添加不同的抽象层[8]。在本章中，我们旨在突出该解决方案的新颖性和相关性，这种架构独特性在于它提供了一种全面的方法来管理从异构源收集的数据，从而来解决安全性和数据质量问题。

4.2.1 物联网中的安全问题

一些文献表明，安全问题已得到解决。这些文献普遍专注于数据通信；并且在考虑到设备和通信技术的异构性情况下，根据严格的保护约束策略进行强制数据交换。实际上，设备可以用不同的技术来表述，如许多智能设备本身可以支持 IPv6 通信[16, 17]，而其他现有部署可能不支持局域范围内的 IP 协议，需要设计 AdHoc 网关和中间件[18]。面向安全的物联网中间件的相关贡献包括：VIRTUS[19]，它依赖于开放的可扩展消息和存在协议（XMPP）来提供安全的事件驱动通信；Otsopack[20] 及命名、寻址和配置服务器（NAPS）[21]，它们是基于 HTTP 和代表性状态传递接口的以数据为中心的框架。

安全方面的问题也是 uTRUSTit[22] 和 Butler[23] 等项目的核心要点。uTRUSTit 直接将用户集成到信任链中，从而保证物联网底层安全和可靠性方面的透明度。一旦实现，uTRUSTit 采用的方法就能使系统制造商和系统集成商能够以易于理解的方式向用户表达基础安全概念，从而让用户推断这些系统的可信度。Butler 旨在对不同应用程序进行数据复制和识别控制，让用户管理自身分布式配置文件。这一终极目的是提供一个能够在隐私和安全协议中动态集成用户数据（如位置或行为）的框架。

4.2.2 物联网中的数据质量问题

物联网中的大量数据源有利于数据融合以及高级服务的提取和提供。但是，只有在保证一定质量的情况下，才能有效挖掘和利用大量数据带来的益处。一些文献认为，数据质量是物联网研究中的一个重要问题。关于这一点，最近也有调查指出数据质量是做出正确决策的基础[24]。在该项调查中，调查者基于与数据流和无线射频识别数据相关的质量问题作了调查，结果显示，准确性、保密完备性、数据量和及时性是数据质量的主要维度。

其他数据质量维度主要与提供数据的基础设施相关。实际上，它们包括易访问性、访问安全性和可用性。同样在文献［25］中，数据质量被认为是高效访问和使用物联网数据和服务的关键参数，文献［26］声称需要对数据源进行控制以确保其有效性、信息准确性和可信度。其他文献的研究集中在特定的数据质量方面和相关问题上。梅茨格（Metzger）等人[27]仅解决数据准确性、及时性和数据提供者的可信度，尤其是提出了用异常检测技术来消除噪声和不准确的数据，以提高数据质量。

文献［28］中引入了新的数据质量维度，包括不确定性、冗余、模糊和不一致性。这些维度主要与以下事实有关：在物联网环境中，数据可能来自不同的源，并且有不同的精度或准确度，或者它们可以监控相同的现象但是有重复或值不一致的结果。所有这些问题都对源的可靠性产生了负面影响。

4.3 网络化智能对象架构

网络化智能对象架构如图 4-1 所示[8]。它提供了与源和用户交互的接口。一方面，该架构从不同类型的源（所谓的 E- 节点）收集输入数据，这些数据源由异构设备（如无线传感器网络、无线射频识别、近场通信、驱动器、社交网络）体现；另一方面，它允许用户通过联网的移动设备（如智能手机和平板电脑）访问基于物联网的服务。下面，我们简要描述该架构的工作原理。

从数据源开始，该架构通过超文本传输协议为终端源提供注册服务。已注册的终端源与标识符、地理位置和/或加密方案相关联，加密方案包括与网络化智能对象交互的授权密钥。对于每个输入数据，网络化智能对象提取以下信息：①数据源，描述节点的类型（如已注册源的标识符）；②通信方式，即数据传输的方式（如离散或流媒体通信）；③数据模式，其表示所传输数据的类型（如数量和文本）和格式；④描述数据内容的元数据；⑤描述网络化智能对象何时收到数据的时间戳。超文本传输协议也用于网络化智能对象和数据传输的数据源。由于接收的数据是高度异构的，因此它们存储在原始数据存储库中，并且定期由数据规范化和分析器模块处理。也就是先将数据放入图 4-2 中规定的格式，再定期提取标准化数据并计算相关的安全和数据质量指标（相关算法在 4.4 节和 4.5 节中介绍）。

处理后的数据用于向目标用户提供服务。用户界面基于消息队列遥测传输协议。那是一种专门针对资源受限的设备而设计的轻量级的发布/订阅协议[29]。消息队列遥测传输协议客户通过发布和订阅主题与消息队列遥测传输代理交换消息。这种机制用来支持服务和物联网设备之间的交互。该架构的其中一个模块负责将数据项分配给相应主题并在消息队列遥测传输代理上发布，如图 4-1 所示。这项工作通常需要分类，例如，用于发布温度信息的具有标识符 sensorID 的传感器，标识符可以是 sensor/temperature/sensorID。

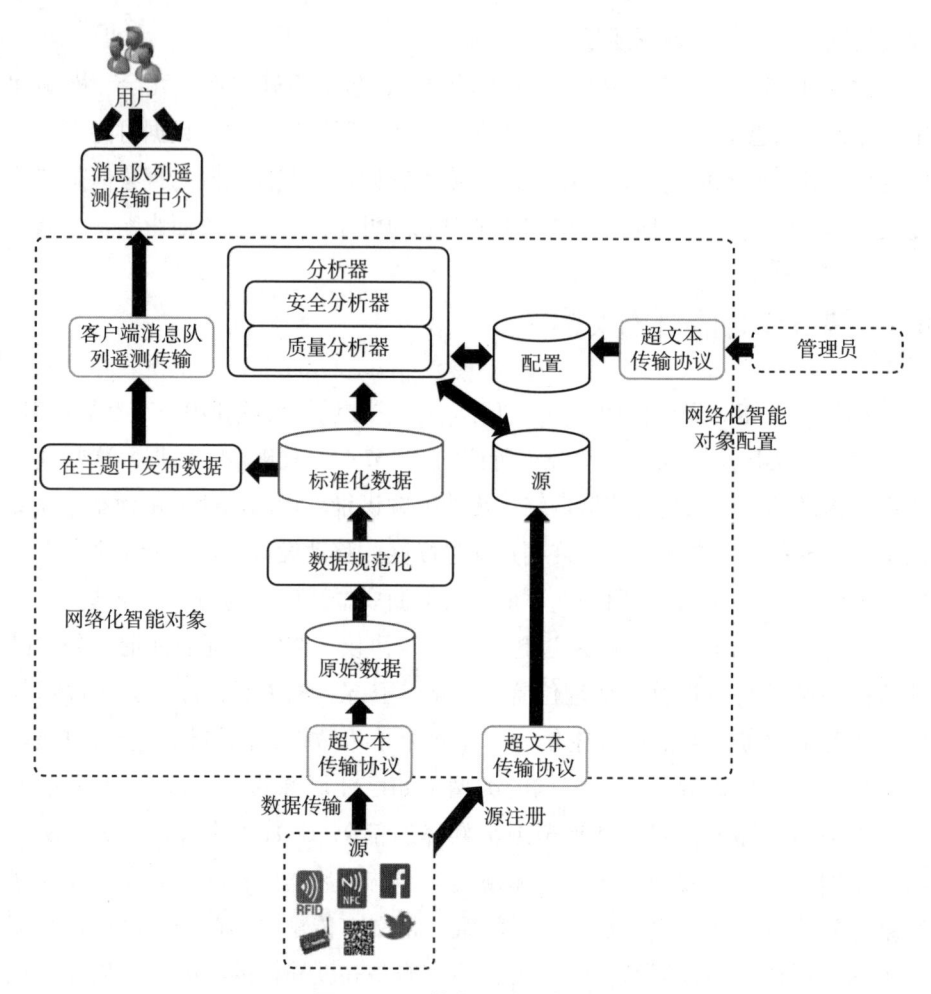

图 4-1　网络化智能对象架构

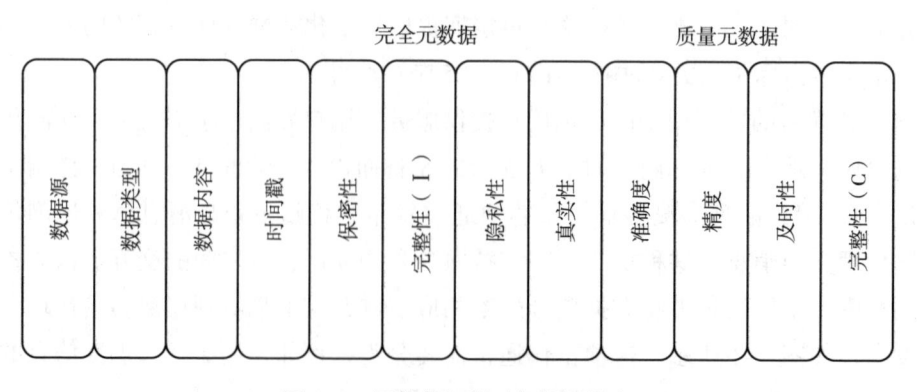

图 4-2　网络化智能对象数据格式

需要注意的是，订阅者可以在运行时注册特定主题，我们的架构提供了动态订阅和取消订阅主题的机制。根据消息队列遥测传输协议，可以发布服务质量（QoS）参数的消息，暗示消息应以"最多一次""至少一次"和"恰好一次"传递，消息队列遥测传输协议还支持将持久性消息传递给订阅主题的未来客户，并且在订户连接突然关闭时，可以配置消息队列遥测传输协议来发送特定主题的消息。在配置存储单元这些参数会被明确化。总之，典型的消息队列遥测传输消息包括以下参数：①主题；②数据值；③服务质量等级；④保留值。

4.4 数据质量评估

物联网架构旨在处理从数百万智能设备收集的数据流，因此数据质量评估面临新的挑战。数据量、速度和种类问题需要得到合理处理。数据量和速度问题可以通过考虑基于窗口的方法来处理，即数据流的数据质量源自不同时间窗口中一组值的周期性评估。我们还可以通过使用并行分布式处理（如映射减少方法）来快速分析不同的窗口。数据种类需要自适应机制，而这种机制能够激活适当的数据质量维度和相关的评估标准。如果是数字类数据（如从特定传感器收集的温度值或由传感器提供的温度值），必须计算准确度和精度；如果是文本类数据（如推文），来源的可信度可能比语法准确性的评估更重要。但是，所有来自不同窗口评估的数据质量元数据都必须汇总，以确定源数据的质量等级。特别是，在我们的方法中，数据质量元数据被定义为 [0，1] 范围内的分数。4.6 节中的案例分析，涉及及时性、完整性、准确性和精确度[30, 31]等方面，并通过质量分析器进行了评估（图 4-1）。

及时性被定义为数据的时间有效性，是在数据的新鲜度和数据更新的频率基础上计算的。前者称为流通时间，并定义了从值抽取开始到网络化智能对象接收到数据之间的时间间隔。后者称为波动率，表示数据保持有效的时间单位（如秒）的数量。波动率通常与系统必须监控的现象类型相关，并取决于其动态的时间尺度。

完整性提供从源接收的值的数量信息，特别是分析的数据集是否包含传感器或设备应该收集的所有值。它是指在给定时间间隔内收集的值的量与预期值的量之比。完整性非常重要，因为缺省值的百分比可以很好地指示传感器无效率低下或通信问题。

准确性通常被定义为正确性,其衡量方法是度量存储在系统中的值与正确值之间的相似度。它是基于感测值 V_n 和参考值 V_{ref} 之间的差异导致的误差 ε_{acc} 的评估。准确性通常与精度有关,是指在相近时间内对同一现象进行进一步测量得到的相同或相似结果的程度。精度通常根据测量值的标准偏差来确定:标准偏差越小,精度越高。正确的表示通常包括准确性和精度两个要素。但是,在连续质量监控中,准确性和精度的变化可以揭示监控过程中的错误或变化,尤其是监测现象的变化或传感器故障可能产生精确但不准确的值[30]。

4.5 安全评估

数据质量元数据与安全元数据一起被用来衡量由物联网平台管理的源的性质和可靠性。安全分析器负责安全评估,并且分析器要能访问源存储单元,以便分析接收到的数据。这些数据与将它们发送给网络化智能对象的源相关。

网络化智能对象将[0,1]范围内的分数与每个安全度量标准进行关联。在物联网环境中,敏感数据通常会得到管理,安全分数通常由接收信息的保密性和完整性级别、发送源的隐私以及认证(源认证的鲁棒性)来衡量。需要注意的是,恶意设备数据可能由未注册的源终端产生,这些源终端将违规数据发送到物联网平台或对非恶意传输数据执行恶意操作,如欺骗和嗅探。

为了评估安全性,有必要考虑两组要素:一组威胁/攻击 a_n 的集合 A 和一组对抗策略 c_m 的集合 C。前者包括可能对平台管理的数据产生影响的攻击(如数据违规、非法访问、遮蔽和冒充)。后者涉及平台可用于应对攻击的对抗策略(加密、认证和密钥预分配)。该算法考虑的安全模型将 a_n 的攻击与 c_m 中的相应对抗策略联系起来。安全攻击和对抗策略的分类取自文献[32],该文献还认为每个对抗策略体现对违规或攻击企图的抵抗程度。鉴于可以通过多种对抗策略解决攻击,并且对抗策略可能面临多次攻击,在此基础上我们能够确定攻击和对抗策略之间的关系。每种关系与一个[0,1]的权值 W_{a_n,c_m} 相关联。在考虑到攻击 a_n 的情况下,权值表示对抗策略 c_m 的鲁棒性水平(图4-3)。

根据所考虑的安全度量标准,可以对确定的关系进行分类,来获得可能有所重叠的4个组:① g_{conf},与数据保密性相关的对抗策略;② g_{int},与数据

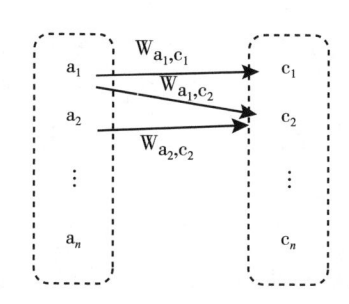

图 4-3 攻击及对抗策略之间的权衡关系

完整性相关的关系对;③ g_{pri},隐私问题;④ g_{auth},与授权相关的关系对。需要注意的是,这种模型必须在设计时定义,存储在名为 Config 的集合中,并且在运行时根据需要考虑新的攻击和/或对抗策略进行更新。

表 4-1 是攻击—对抗策略关系对的一些示例,这些示例使用上述分类法并按上面描述的组进行分类。

表 4-1 攻击—对抗策略关系对

攻击	对抗策略	组
数据包嗅探	数据内容加密	g_{conf}
密码攻击	复杂密码生成	g_{conf}, g_{auth}
中间人攻击	数据内容加密	g_{int}
会话劫持攻击	安全会话建立	g_{int}, g_{auth}
身份伪造	身份加密	g_{pri}

与关系关联的初始权值设置为 1。它们可能在运行时根据物联网系统发生的恶意事件(由安装在网络化智能对象上的监视系统检测到)进行更新。因此,权值可以动态地随时间变化,而这种自动调整过程是通过差异时间学习法进行的[33]。有关此方法的详细介绍,请参见文献 [8]。

一旦定义了攻击/对抗策略模型,算法就基于实际权重和数据源 s_k 计算每个输入数据的相关安全分数。评估不同安全维度 sec_{dim} [保密性(sec_{conf})、完整性(sec_{int})、隐私(sec_{pri})和身份验证(sec_{auth})]的公式如下:

$$sec_{dim} = \frac{|A_{dim,s_k}|}{|A_{g_{dim}}|} \cdot \frac{\sum_{i \in A_{dim,s_k}, j \in C_{dim,s_k}} W_{i,j}}{|C_{dim,s_k}|} \quad (4-1)$$

A_{dim,s_k}是来源s_k能承受的与特定维度相关的攻击数，$A_{g_{dim}}$是g_{dim}组包含的所有攻击数（对所有类型的来源有效），C_{dim,s_k}是s_k采纳的对抗策略的数量，s_k与对A_{dim,s_k}中特定的安全维度的攻击相关。权重之和仅计算在A_{dim,s_k}中的攻击和在C_{dim,s_k}中的对抗策略的权重。

例如，考虑一下保密性。假设源头s_k采用AES加密其数据并采用8位长度密码作为凭证，以确保保密性和身份验证。如表4-1所示，AES是与g_{conf}组关联的对抗策略，而密码与g_{conf}和g_{auth}组相关联。网络化智能对象随着时间变化评估保密性得分sec_{conf}而采取的步骤如下。

（1）与两对攻击—对抗策略对应的初始权值设置为1，并对第一个保密性得分sec_{conf}进行评估。

（2）系统操作期间，平台不识别来自源s_k的违规数据包，但其密码多次被截获（如通过暴力攻击）。因此，与8位密码凭证违规相关的权重减少。对于这样的例子，假设学习算法将保密性得分更新为0.3。

（3）从源s_k获得的新数据将获得较低的保密性分数sec_{conf}，这个分数经过再计算确认为0.65。

因此，用户要想从源s_k接收数据，必须确保他们的保密级别等于或小于sec_{conf}，因此保密攻击风险是$((1-sec_{conf})\times 100)\%$。

正确评估数据质量和安全级别所需的知识和元数据以适当的格式存储在存储库$Config$中。这样的单元包含正确管理物联网系统所需的所有配置参数（如如何根据数据类型计算质量属性，以及哪种攻击或安全对抗策略需要考虑），而这些参数以JSON格式表示（见4.6节）。因此，分析器（Analyzers）会定期查询$Config$存储单元，以便了解应使用哪些规则。

4.6 原型和验证

4.3节中提出的网络化智能对象架构通过使用以下技术得以应用[1]：①Node.JS平台[2]已用于平台实施；②MongoDB[3]用于存储管理；③Mosquitto[4]

---

① 该代码以宽松的许可证作为开源分布。详见http://bitbucket.org/alessandrarizzardi/nos。
② 详见http://nodejs.org/。
③ 详见http://www.mongodb.org/。
④ 详见http://mosquitto.org。

第 4 章 物联网中的数据管理

应用于发布/订阅系统。模块通过 RESTful 服务来交互。

我们部署了一个能够管理大量数据的原型服务中间件平台,这些来自异构设备的数据使用轻量级模块,并且这些设备具备以非阻塞方式进行数据分析、发现和查询的接口[8]。这个平台在多方面体现出创新。首先,因为网络化智能对象彼此完全独立,所以能以分布式方式部署一个或多个网络化智能对象而不使用 P2P 管理。这个新方法优于传统的以 ad hoc 为中心的物联网解决方案,而且过去的解决方案通常难以重新配置[34],因为它们多是基于垂直竖井(silo-based)的方法为特定的应用程序设置的。本章所述研究通过中间件支持动态重新配置,并且可以通过基于开放标准的互联网/内联网协议远程协调(参见 4.3 节)。其次,这种方法的一大优势在于平台的变化能够以非阻塞的方式进行,无须重新启动整个系统就可以引入新模块复制现有模块或删除现有模块。此外,因为数据模型可以动态演化,所以通过使用开源的 MongoDB 数据库可以使平台变得灵活。最后,我们在数据存取,特别是在使用 MongoDB 的内存容量进行读/写操作上表现良好:物联网生成的数据不持久,包含在原始数据和标准化数据仓中,在平台中只有数据库中的 *Config* 和 *Source* 是持久的。

我们通过在 Raspberry Pi 上部署网络化智能对象平台并将其与大量开放数据流连接起来来对其进行测试。特别是,我们在意大利坎波登诺的气象站使用了 6 个传感器,这些传感器提供有关温度、湿度、风速、能耗和空气质量的实时数据。数据由 Web 服务传输,这项服务以 JSON 格式表示数据,网络化智能对象则通过 HTTP GET 请求检索数据。从 4.3 节中介绍的系统得知,数据是通过采用 4.4 节与 4.5 节中介绍的方法,从安全和质量角度进行分析的,之后数据被传输到消息队列遥测传输代理。

通过简单的可视化,用户可以在安全性、隐私性和数据质量方面设置自身偏好,并访问传入值和元数据。数据板如图 4-4 所示。

实验对该系统进行了为期一周的观察来测试提出的机制是否有效,正如 4.4 节和 4.5 节所指出的那样,我们只强调每个分数最初被设置为最大值(整数值 1);然后随着安全性和质量方面的变化值会进行更新。从这些数字可以观察出,某些来源的认证级别较高,但同时在保密性、完整性和隐私性方面的可靠性较低(如图 4-5 中的源 6),反之亦然(如图 4-5 中的源 3)。从数据质量的角度来看,一些源提供的数据有良好的完整性和及时性,但准确性和精度水平较差(如图 4-6 中的源 4)。

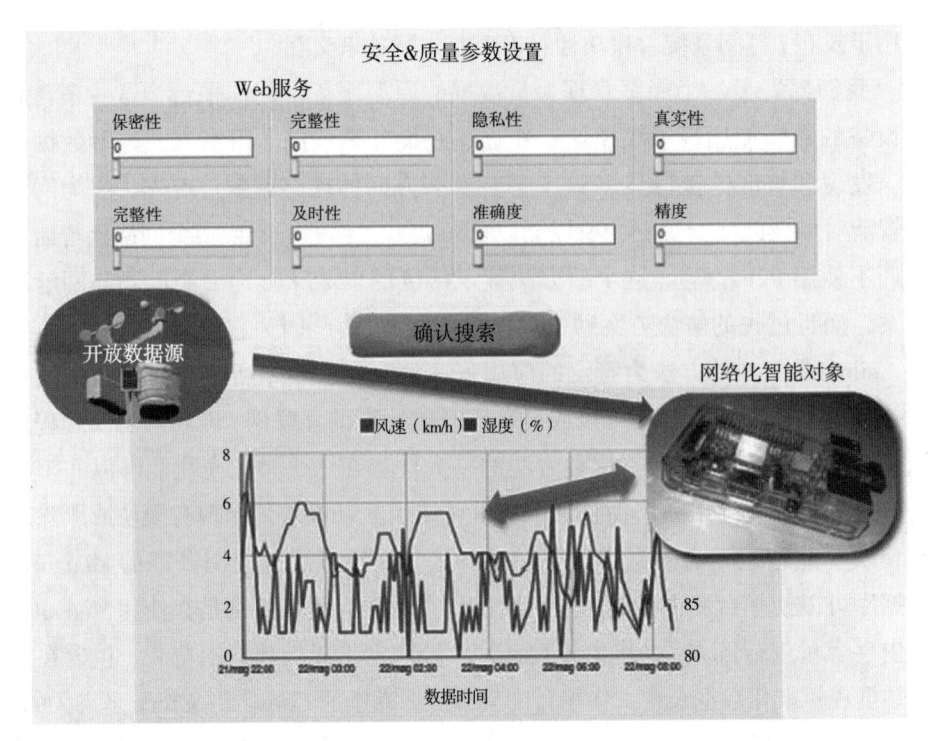

图 4-4 用户数据板

实验证实了所提出方法的有效性,即用户能够只检索满足其要求的数据。

最新的相关研究对网络化智能对象的开销、内存占用、计算负载和延迟性能等其他重要参数指标进行了评估,这些参数如下。

(1)与框架的集成度[35]。旨在保证对违规企图的细粒度访问控制;此外,它还允许实施本章中介绍的与安全性和数据质量级别相关的特定策略。

(2)认证发布/订阅(AUPS)协议。用于通过消息队列遥测传输进行通信认证[36];它能够根据与定义主题相关联的策略管理公开的数据。

(3)两套密钥管理系统的整合。这两套管理系统最初是为无线传感器网络设计的,现已适应网络化智能对象平台[37];它们为网络化智能对象提供了在用户和数据源之间分发和替换加密密钥的功能。

在以上条件下,网络化智能对象平台实现了在正确的行为和效率之间的状态均衡。

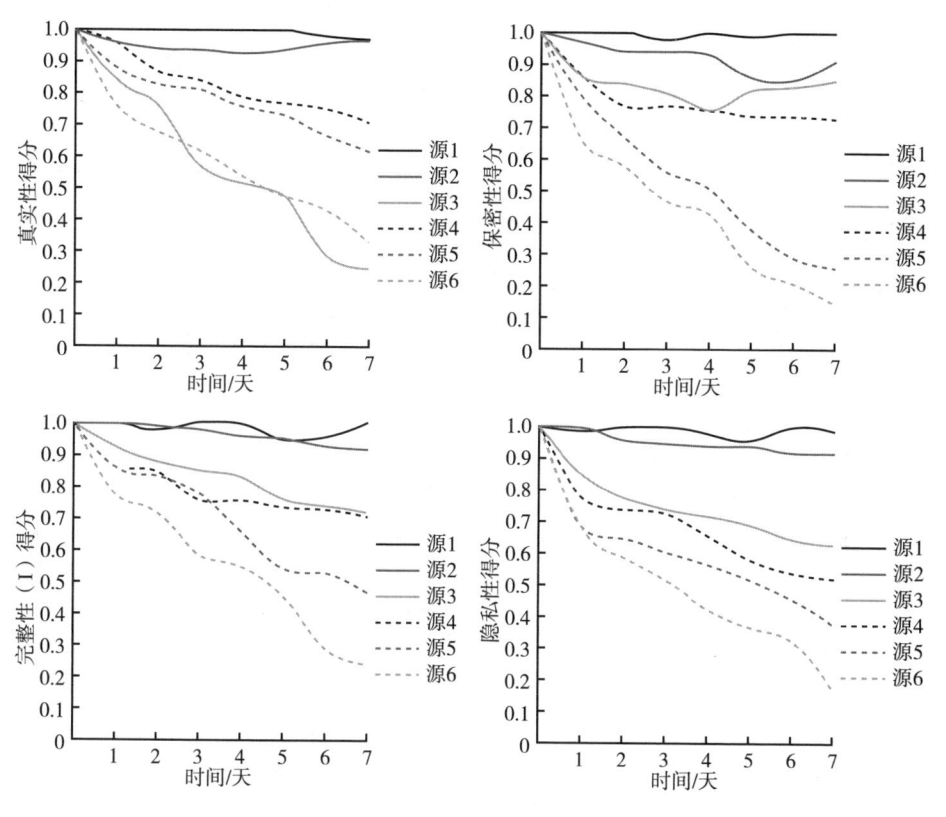

图 4-5 安全分数评估

4.7 结论

在本章中，我们介绍了分布式物联网中间件平台的设计和原型实现，这个名为网络化智能对象的中间件平台能够管理异构数据源，提供统一和一致的数据表示，并提供基于数据服务的安全性和质量元数据的数据服务来管理和筛选数据。这种架构既可以有效地管理数据，又可以通过提高用户对所访问数据可靠性的认识来解决安全性和数据质量的平衡问题。因此，这样的架构改善了物联网环境中的数据管理，可以提供适用于特定情景/应用程序的数据，从而获得有价值的结果。

本章通过网络化智能对象平台真实原型的实现，验证了所提出解决方案的有效性。未来的工作将侧重于新方法的设计和开发，以进一步细化评估数据

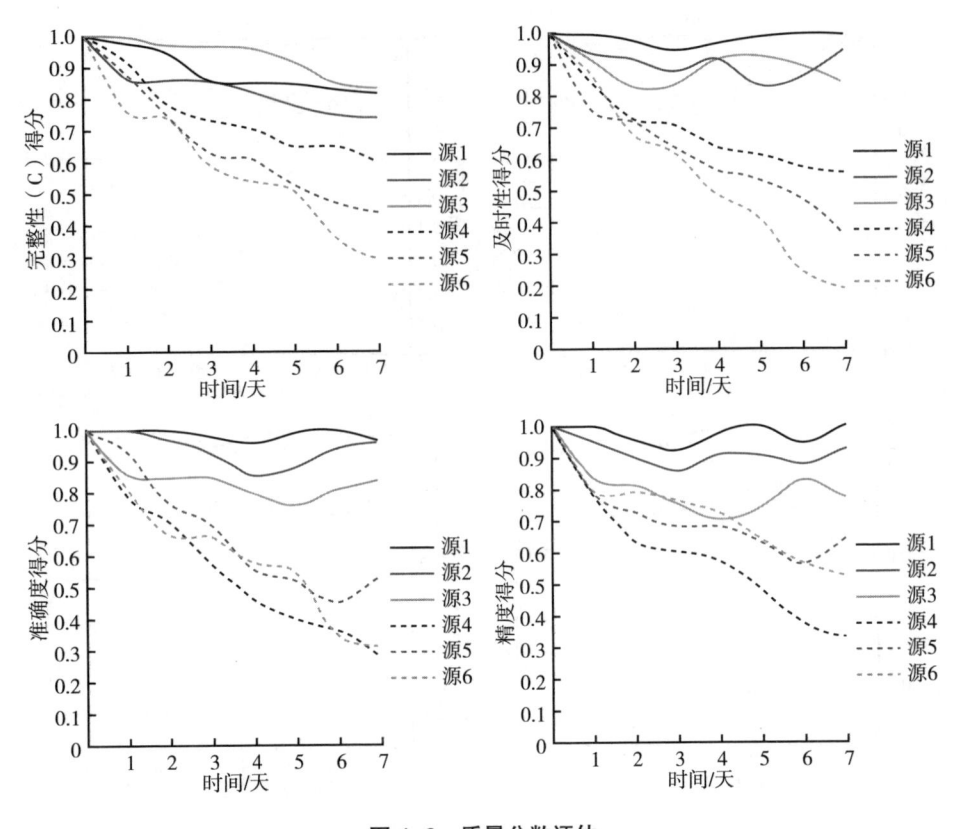

图 4-6 质量分数评估

质量的维度，并能够处理其他类型的数据来源。此外，将考虑使用新的更多的终端源来评估本章所提出的架构。

致谢

这项工作的顺利进行得益于意大利伊苏布利亚大学理论和应用科学院的资助。

参考文献

［1］D. Miorandi, S. Sicari, F. De Pellegrini, I. Chlamtac, Internet of things: vision, applications and research challenges. Ad Hoc Netw. 10(7), 1497–1516 (2012)

［2］S. Sicari, A. Rizzardi, L.A. Grieco, A. Coen-Porisini, Security, privacy and trust in internet of things: the road ahead. Comput. Netw. 76, 146–164 (2015)

［3］A. Coen Porisini, P. Colombo, S. Sicari, *Privacy aware systems: from models to patterns, igi*, global edn. (Industrial and Research Perspectives, Software Engineering for Secure Systems, 2011)

[4] L. Berti-Equille, J. Borge-Holthoefer, *Veracity of Data: From Truth Discovery Computation Algorithms to Models of Misinformation Dynamics*, ser. Synthesis Lectures on Data Management. Morgan & Claypool Publishers, 2015. doi:10.2200/S00676ED1V01Y201509DTM042

[5] S. Sicari, A. Rizzardi, C. Cappiello, A. Coen-Porisini, A NFP model for internet of things applications, in *Proceedings of IEEE WiMob*, Larnaca, Cyprus, Oct 2014, pp. 164–171

[6] S. Sicari, C. Cappiello, F.D. Pellegrini, D. Miorandi, A. Coen-Porisini, A security-and qualityaware system architecture for Internet of Things. Inf. Syst. Front. 1–13 (2014)

[7] A. Rizzardi, D. Miorandi, S. Sicari, C. Cappiello, A. Coen-Porisini, Networked smart objects: moving data processing closer to the source, in *2nd EAI International Conference on IoT as a Service*, Oct 2015

[8] S. Sicari, A. Rizzardi, D.Miorandi, C. Cappiello, A. Coen-Porisini, A secure and quality-aware prototypical architecture for the internet of things. Inf. Syst. 58, 43–55 (2016). doi:10.1016/j.is.2016.02.003

[9] A. Al-Fuqaha, M. Guizani, M. Mohammadi, M. Aledhari, M. Ayyash, Internet of things: A survey on enabling technologies, protocols, and applications. IEEE Commun. Surv. Tutorials 17(4), 2347–2376, Fourthquarter (2015)

[10] IOT-A project, http://www.iot-a.eu/

[11] IOT-EST project, http://ict-iotest.eu/iotest/

[12] European FP7 IoT@Work project, http://iot-at-work.eu

[13] EBBITS project, http://www.ebbits-project.eu/

[14] Z. Yang, Y. Yue, Y. Yang, Y. Peng, X.Wang,W. Liu, Study and application on the architecture and key technologies for iot, in *2011 International Conference on Multimedia Technology*, 747–751 July 2011

[15] M.A. Razzaque, M. Milojevic-Jevric, A. Palade, S. Clarke, Middleware for internet of things: a survey. IEEE Internet Things J. 3(1), 70–95 (2016)

[16] M. Palattella, N. Accettura, X. Vilajosana, T. Watteyne, L. Grieco, G. Boggia, M. Dohler, Standardized protocol stack for the Internet of (important) Things. Commun. Surv. Tutorials IEEE 15(3), 1389–1406 (2013)

[17] I. Bagci, S. Raza, T. Chung, U. Roedig, T. Voigt, Combined secure storage and communication for the Internet of Things, in *2013 IEEE International Conference on Sensing, Communications and Networking, SECON 2013*, New Orleans, LA, United States, 523–631 June 2013

[18] D. Boswarthick, O. Elloumi, O. Hersent, *M2M Communications: A Systems Approach*, 1st edn. (Wiley Publishing, 2012)

[19] D. Conzon, T. Bolognesi, P. Brizzi, A. Lotito, R. Tomasi, M. Spirito, The VIRTUS middleware: an XMPP based architecture for secure IoT communications, in *2012 21st*

International Conference on Computer Communications and Networks, ICCCN 2012, Munich, Germany, 1–6 July 2012

[20] A. Gòmez-Goiri, P. Orduna, J. Diego, D.L. de Ipina, Otsopack: lightweight semantic framework for interoperable ambient intelligence applications. Comput. Hum. Behav. 30, 460–467 (2014)

[21] C.H. Liu, B. Yang, T. Liu, Efficient naming, addressing and profile services in internet-of-things sensory environments. Ad Hoc Netw. 18, 85–101 (2013)

[22] Usable trust in the Internet of Things, http://www.utrustit.eu/

[23] BUTLER project, http://www.iot-butler.eu

[24] A. Karkouch, H. Mousannif, H.A. Moatassime, T. Noel, Data quality in internet of things: A state-of-the-art survey. J. Netw. Comput. Appl. 73, 57 – 81 (2016), http://www.sciencedirect.com/science/article/pii/S1084804516301564

[25] P. Barnaghi, A. Sheth, On searching the internet of things: requirements and challenges. IEEE Intell. Syst. 31(6), 71–75 (2016)

[26] B. Guo, D. Zhang, Z. Wang, Z. Yu, X. Zhou, Opportunistic IoT: exploring the harmonious interaction between human and the internet of things. J. Netw. Comput. Appl. 36(6), 1531–1539 (2013)

[27] A. Metzger, C.-H. Chi, Y. Engel, A. Marconi, Research challenges on online service quality prediction for proactive adaptation, in *Software Services and Systems Research—Results and Challenges (S-Cube), 2012 Workshop on European*, June 2012, pp. 51–57

[28] Y. Qin, Q.Z. Sheng, N. J. Falkner, S. Dustdar, H. Wang, A.V. Vasilakos, When things matter: A survey on data-centric internet of things. J. Netw. Comput. Appl. 64, 137–153 (2016), http://www.sciencedirect.com/science/article/pii/S1084804516000606

[29] IBM and eurotech, mqtt v3.1 protocol specification, http://public.dhe.ibm.com/software/dw/webservices/ws-mqtt/mqtt-v3r1.html

[30] C. Cappiello, F.A. Schreiber, Quality- and energy-aware data compression by aggregation in WSN data streams, in *Proceedings of the 2009 IEEE International Conference on Pervasive Computing and Communications*. (Washington, DC, USA: IEEE Computer Society, 2009), pp. 1–6

[31] A. Klein, W. Lehner, Representing data quality in sensor data streaming environments. J. Data Inf. Qual. 1(2), 10:1–10:28 (2009)

[32] T. Roosta, S. Shieh, S. Sastry, Taxonomy of security attacks in sensor networks and countermeasures, in *The first IEEE International Conference on System Integration and Reliability Improvements*, vol. 25 (2006) p. 94

[33] G. Tesauro, *Practical Issues in Temporal Difference Learning* (Springer, 1992)

[34] I. Mashal, O. Alsaryrah, T.-Y. Chung, C.-Z. Yang, W.-H. Kuo, D.P. Agrawal, Choices for interaction with things on Internet and underlying issues. Ad Hoc Netw. 28, 68–90 (2015)

[35] S. Sicari, A. Rizzardi, D. Miorandi, C. Cappiello, A. Coen-Porisini, Security policy enforcement for networked smart objects. Comput. Netw. 108, 133–147 (2016)

[36] A. Rizzardi, S. Sicari, D. Miorandi, A. Coen-Porisini, AUPS: an open source authenticated publish/subscribe system for the internet of things. Inf. Syst. 62, 29–41 (2016)

[37] S. Sicari, A. Rizzardi, D. Miorandi, A. Coen-Porisini, Internet of Things: security in the keys, in *12th ACM International Symposium on QoS and security for wireless and mobile networks*, Malta, 129–133 2016

第 5 章
物品万维网推进认知城市发展

萨拉·德奥诺弗欧，西蒙妮·弗朗泽利，埃迪·波特曼

摘要：目前，通过物联网建立了智能事物之间以及智能事物和个体之间的联系。物联网在智能城市的各种应用软件中得以运用。然而，物联网有几个缺点，例如缺乏连接更多事物时所必需的通用标准。物品万维网（Web of Things，WoT），Web 标准扩展的物联网，拥有通用标准和许多其他物联网不具备的优势。本章详细阐述物联网和物品万维网，并对其作了比较，进而总结物品万维网在认知城市中的潜在用途。通过物品万维网，认知城市的流程得以简化，人们的生活水平得以提高。因此，物品万维网适合解决当今城市面临的挑战。

5.1 绪论

城市中可用数据的数量变得如此之大，以至于难以有效地处理这些数据[1]。为了让城市居民能够使用这些数据并改善居民的用户体验，城市必须识别、收集和分析这些数据[2]。解决这一挑战的方法是开发有助于城市数据管理的信息通信技术（ICT）。

使用信息通信技术（如基于 Web 的服务）访问、处理和使用信息，从而使城市在社会、生态方面得到有效的发展，使居民生活水平得以提高[3]，这样的城市称为智慧城市。基于这种背景，物联网在引入创新服务改善居民体验，从而改善居民生活质量的过程中扮演着重要角色[4]。

通过在各种日常物品（如移动电话）中嵌入短程移动收发器，可以建立居民与智能物品之间以及两个智能物体之间的新形式交互。以这种方式创建的物联网，增强了互联网的普及性[5]。凭借高度分布的设备网络，事物之间能

够相互通信，这使得城市可以收集到各种情况下的数据，并将有用的数据（如交通分布数据、天气预警）分享给它的居民[2,5]。特别是在大数据的背景下，重要的不仅仅是通过传感器等收集大量原始数据而且要能够把收集的数据转换为实用性信息推送给居民[6]。

物联网是这一发展的起点。在未来，由于Web的快速发展，物品万维网很可能会把居民与他们生活的城市连接起来。迄今为止，物品万维网还没有一个明晰的定义。不过少数研究人员[7-9]已试图给其下定义。尤其是吉纳德（Guinard）和特里法（Trifa）[10]已经推动了这项工作，将物品万维网定义为物联网的特殊化形式，因为物品万维网利用了使Web取得成功的因素——全球信息访问[11]。到目前为止，物质世界和网络是分开的两个领域，需要一个人作为接口，以有意义的方式发现、整合和使用来自物质世界与网络的信息和服务，从而将这两个领域连接起来[12]。Web的发展使以下情况成为可能：智能事物与Web相连接，进而使智能物体与大量开发人员相连接，以此来有效地构建模拟现实的交互式创新应用程序，即物质和数字领域的混合[9]。

物品万维网的应用可以对城市的发展（从智能城市到认知城市的发展）产生影响。认知城市是智能城市的增强版[13]，在智能城市基础上增加了认知计算以及诸如联结主义的认知学习理论[14]。联结主义强调通过大量的数据学习并优化网络连接，以实现智能行为。不只是人类，其他知识载体（如计算机系统）也可以从其他知识载体访问数据知识。因此，知识的获取和维护从个人维度扩展到多主体维度（如从人类到人类、从计算机系统到计算机系统、从人到计算机系统、从计算机系统到人类）[15]。通过应用信息通信技术，城市可以利用与知识载体共享的知识来了解居民和向居民学习。城市能够以这种方式识别并应对居民行为的变化[16]。系统和居民通过相互交流的方式向彼此学习并建立共识（参见群体智能[17]和城市情报[18]）。诸如物品万维网的Web标准正变得越来越重要，因为Web标准促进了城市系统和设备之间的联系，从而优化居民和城市之间的交互。

在本章中，我们将物联网与物品万维网进行比较，论证物品万维网如何帮助智能城市发展为认知城市，同时按照科学研究设计方法，综述了研究进展的现状[19]。本章的结构如下：5.2节简要概述从智慧城市到认知城市的转变，5.3节介绍物联网，5.4节介绍物品万维网，5.5节比较在智能城市和认知城市背景下的物联网和物品万维网，5.6节是结语。

5.2 从智慧城市到认知城市

虽然智慧城市是一个常用术语，但从业者和科学家对智慧城市还没有形成一个清晰、一致的概念[2]。根据波特曼（Portmann）和芬格（Finger）[3]的说法，一个智慧城市有各种概念（如智能民主、智能移动或智能工作），促进居民和现代技术的互联互通。因此，为了实现这种互连，将城市发展成智慧城市，需要运转良好的信息通信技术。在这里，许多领域的应用是可以想象的，如医疗保健、后勤和安全[2]。通过使用这些应用程序与城市交互并共享信息，居民变得更加智慧，同时也进一步发展和塑造了他们的城市[3]。新开发的系统（如基于云的社交反馈、众包、预测分析）改善了智能居民与城市之间的交互。居民在塑造系统（智能城市）方面的投入越多，他们对智慧城市的满意度就越高，用户体验就越好[2]。因此，智慧城市可以理解为一种社会技术系统，这种系统一方面保持效率和技术之间的平衡，另一面维持居民的幸福感[3]。

一个城市的智慧可以体现在理解、学习和自我意识等方面。换言之，一个城市可以了解自身发展进程，并从中学习和反思。智慧城市与许多学科（如建筑、计算机科学、政治、商业）合作并将其纳入自身发展过程中是很重要的[2, 3]。居民和城市可以以一种比个体行为更加智能的方式共同采取行动，并通过这种方式实现城市智能，即智能城市的群体智能[17, 18]。为了改善城市与居民之间的关系，城市了解居民需求至关重要。在这种背景下，联结主义[14]是一个值得关注的概念。在这里，不仅个人经验和认知很重要，其他人的经验和认知也很重要。利用先进的信息通信技术来分享这些经验和认知，城市可以从居民那里获取相关信息。城市发展过程中包含的学习算法使城市能够提取模式[20]，并能够理解和学习这些模式。这种学习概念是认知计算的基本原理。

认知计算代表了语义计算的增强（语义计算起源于语义网[21]）。语义计算通过定义、模型和查询来简化和自动化提取数据含义的过程，而认知计算则指的是系统推理的能力。认知系统有意识地、精密地、合乎逻辑地提取知识[22]。认知计算和其他新组件（认知和相关认知系统）的应用支持智慧城市的进一步发展并优化智慧城市的城市化[13]。潜在的认知系统可以处理自然语言和认知，并从用户（居民）过去的行为中学习[2]。也就是说，这些系统识别行为的变化并对这些变化作出反应[16]。

因此，城市利用认知计算的优势，可以成功应对一些具有挑战性的情况，特别是那些涉及使用认知系统的不精确语言和认知的情况[2,13]。尽量充分利用居民与先进信息通信技术之间的交互来扩大城市内部的知识基础[3]。基于系统用户（居民）的经验和行为而增加的知识可以更加实际且有效地推进城市化进程[16]，为居民提供更多发展自身的机会，增加城市的吸引力[2]。

几家公司（如埃森哲、IBM、微软）已经开始在商业和信息技术服务中应用认知计算，以获取更高的收入，更有效地解决问题，做出更好的决策，并提高应用程序的效率[2]。因此，认知计算的应用在城市发展中具有重要价值。

5.3 物联网

本节主要介绍物联网，描述几个物联网的技术现状，并列举物联网在城市中应用的实例。

5.3.1 定义

因特网是一个全球性的计算机网络系统，使用标准的互联网协议套件（TCP/IP）将世界各地的许多设备连接起来传输大量的数据或信息。因特网通过收集和共享信息并利用网络的连通性将各种实物通过网络连接起来，物联网是以相同的方式起作用的[6,10]。

物联网的发展可以看作是从当前互联网演变为互联（智能）物体的网络。物联网基于可互操作的信息通信技术，不仅从环境中收集信息（通过传感收集数据）与物质世界交互，而且利用现有的互联网标准为信息的传输、分析和通信提供服务[23,24]。

物联网的主要特点是集成多种技术和通信解决方案（如识别和跟踪技术、有线和无线传感器、执行器和网络），以改善用户之间的交互和合作。例如，通过使用移动电话、传感器等设备来达成某种共识[5]。

根据阿特佐里（Atzori）等人的观点[5]，物联网主要有以下3个愿景：面向互联网（中间件）、面向事物（传感器）和面向语义（知识）（图5-1）。

面向互联网的愿景通过减少互联网协议数量，使用简化的信息处理系统（IPs）来实现物联网，以便可以从任何位置进行寻址和访问物体[5,6]。面向事物的愿景基于几个简单的项目（如无线射频识别、智能项目）和基本组件（如近距

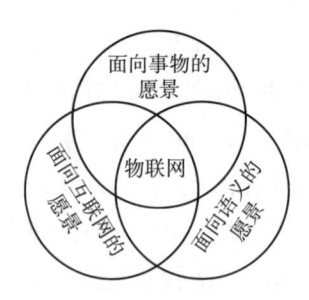

图 5-1 物联网的 3 个愿景

离无线通信技术、无线传感器），这些项目和组件通过接口将现实世界和现代信息通信技术连接起来进而投入应用。面向语义的愿景是应对从互联网中不断增加的物品中提取信息的挑战，在这种情况下，主要任务是整合与表示知识[5, 6, 25]。

从系统级别的角度来看，物联网是一个高度动态的网络系统，这个系统由大量产生和使用信息的（智能）事物组成。物联网开辟了一个知识建构的新时代[6]，它能够将物质领域与数字领域连接起来，并将数据转化为人类可读的信息。

5.3.2 架构

一般来说，物联网可以分为 3 层：感知/传感层、网络/传输层和应用层（图 5-2）[26, 27]。

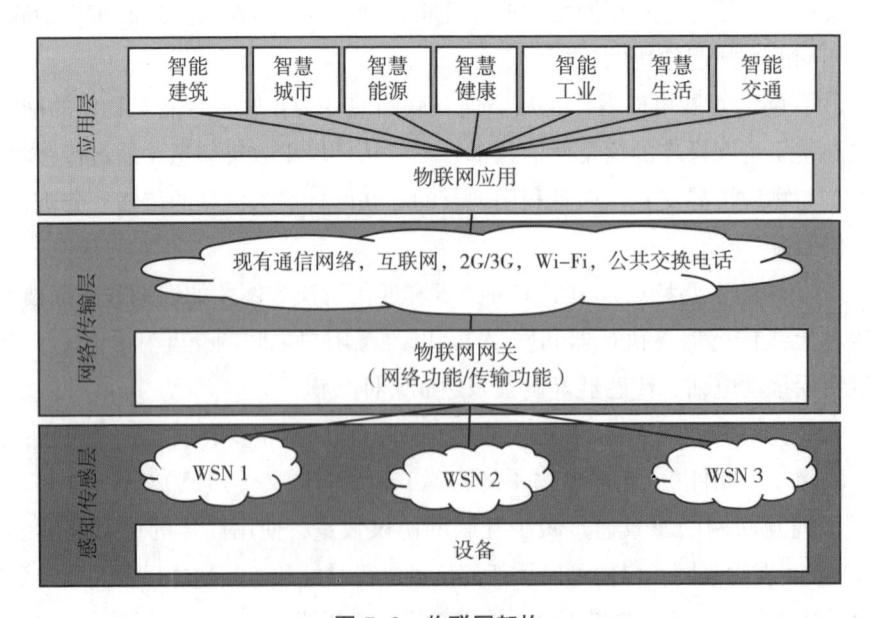

图 5-2 物联网架构

感知／传感层由二维码标签、代码阅读器、传感器和传感器网络等组成，主要功能是感知和识别（智能）事物并从中获取和识别信息。网络层（物联网的基础设施）由各种类型的通信网络和因特网构成，主要组成部分是物联网管理中心和信息中心。因此，网络层不仅操作网络而且操作信息。应用／传输层被视为与专业领域（工业领域或学术领域）相结合的物联网技术，被用于开发准确的应用解决方案。该层的主要任务是保证各个领域（如智能建筑、智能工业和智能交通）的信息共享和信息安全[26,27]。因此，典型的物联网解决方案的特点是许多设备（智能事物）通过网络使用网关进行联通和通信[28]。

5.3.3 标准和接口

标准对改善各种技术集成所需的互操作性起关键作用，能够加强个体与系统之间的交互[29]。文献[10]中列出了来自不同组织（如 IEEE[①]、NIST[②]）、协议[③]（如 IPv6、6LoWPan）和物联网平台[④]（如 ThingWorx、EVRYTHING、亚马逊 Web 服务、物联网）的数百种标准供选择。因此，本章并没有对物联网标准进行全面的总结。

因为每个标准都有一个确定的应用程序编程接口（API），所以接口甚至比标准更多[29]。因此，每个物联网解决方案都有自己定义的应用程序编程接口，这种接口可以与现有的应用程序或其他物联网解决方案轻松实现集成[28]。

5.3.4 城市中的物联网应用

许多研究人员已将城市环境中的物联网应用概念化，并对这些应用程序进行测试[4,5,30]。表 5-1 为城市物联网应用的案例。

表 5-1 中引用的研究有的旨在通过监测道路和停车位来改善城市交通[4,31,32]，有的试图减少能源消耗和环境污染[5,33,34]，有的收集有关建筑物、基础设施以及环境的数据[5,35]，有的应用于购物领域[36]。总而言之，这些城市应用案例表明，物联网有可能通过人机一体化来推进城市发展。

---

① 详见 http://www.ieee.org/index.html.

② 详见 http://www.nist.gov/.

③ 详见 http://www.postscapes.com/internet-of-things-protocols/.

④ 详见 http://internetofthingswiki.com/top-10-iot-platforms/634/.

表 5-1 城市中的物联网应用

来源	方式	描述
[5]	城市信息模型	城市不断监控建筑和基础设施的状态和表现（如自行车道、铁路线）并通过应用程序编程接口与第三方分享信息
[35]	低碳开放数据网络	使用低能量、低成本的传感设备，实时收集环境数据。通过在线服务向居民提供数据，使他们能基于这些数据开发程序
[31]	资源描述框架流处理	旅游规划应用程序，依据交通传感器传输的实时数据，考虑用户的交通模式、道路堵塞和预计到达时间等因素，做出最佳路线规划
[32]	道路状况应用程序	提供道路状况预警的应用程序，根据放置在车辆用户智能手机内的传感器数据
[36]	智能购物	智能购物环境，根据城市背景数据（如城市议程、停车数据）的分析，让商家了解何时通知市民购物优惠相关信息
[33]	能源管理	从不同来源（热能和电能用量）收集数据来提高商业和居民区能源使用效率
[4]	道路控制系统	应用物联网技术监控城市里交通状况和停车位，提供交通路线建议
[34]	语义框架	基于语义和机器学习技术的框架，用于收集数据并为特定的物联网应用（如车辆污染检测）建模

5.4 物品万维网

本节主要介绍物品万维网，描述了物品万维网的发展现状，并列举出物品万维网在城市中应用的案例。

5.4.1 定义

从 Web1.0 到 Web4.0，Web 一直在不断发展[37]。如今任何人都可以通过个人设备（如计算机、移动电话）访问 Web 服务器，并且越来越多地在互联网上通过 Web 应用程序来提供服务[8]。

物品万维网是一种通过 Web 应用程序访问周围设备的方法[8]。物品万维网的基本思想是每个（智能）事物都有自己的网页，因此可供搜索引擎索引。随后，人们可以搜索该事物并直接通过 Web 浏览器访问[38]。通过重复使用 Web 标准并调整那些常用于传统 Web 内容的技术和模式，日常生活中的对象（如事物）可以连接起来并完全集成到 Web 中[5, 39]。物品万维网是一种环境，在这个环境中，日常物体（如建筑物、交通灯、商品）可通过使用语义网技术标准的因特网来认证、识别和控制。故而，Web 上出现了大量内容，这意味着人与（智能）事物之间产生了无缝通信。与物联网类似，物品万维网试图利用人人可访问的通用平台（Web）来弥合物质和数字领域之间的鸿沟[9]。

特里法认为[40]，物品万维网基于现代 Web 架构，由高到低依次可分为五种类型，如图 5-3 所示。

物品万维网
可编程网络（如位置感知应用程序） | 物理网络（如原始数据编程） | 实时网络（如实时信息） | 语义网（如数据连接） | 社交网络（如社交平台）

图 5-3　物品万维网的五种类型

5.4.2　架构

物品万维网可分为四层架构：接入层、发现层、共享层和组合层（图 5-4）。这些层级将（智能）事物更加彻底地集成到 Web 中，从而便于应用程序和个人的访问[10]。

联网的事物

接入层 ▷ 发现层 ▷ 共享层 ▷ 组合层

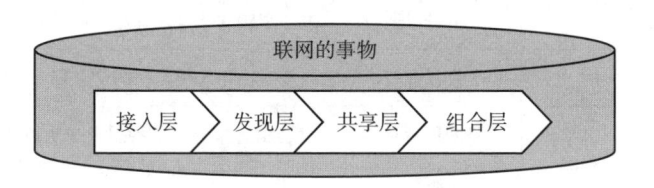

图 5-4　物品万维网架构

接入层的主要任务是将智能事物转换为可编程的 Web 语句，使其他设备可以轻松地与之通信。发现层确保设备能够被其他物品万维网的应用程序发现并自动使用。共享层明确要求将（智能）事物生成的数据在网络上进行有效共享。最后，组合层以简单的方式创建包含（智能）事物和虚拟网络服务的应用程序[10]。因此，物品万维网的目的是将设备作为网络中不可或缺的一部分，而不是将网络用作传输基础设施。

5.4.3 标准和接口

物品万维网并没有创造出全新的标准。相反，它重用了众所周知的网络标准[39]，这个标准适用于物质的（如 Beacon）、程序化的（如 REST、HTTP）、语义的（如 RDF、OWL）、实时的（如 WebSockets）和社会的（如配置文件标准）网络[40]。

Web 标准确保数据可以快速轻松地跨系统移动。HTTP 和 REST 是最常推荐的网络服务，用于提供网络上可用数据的公共存取[41]。在 REST 约束（系统的每个组件都遵循这些约束）下，组件之间的交互意义明确，因此这种交互是可预测的。综上所述，Web 用户可以通过 RESTful 应用程序编程接口使用超文本传输协议[10]找到（智能）事物，从而使其顺利地集成到网络中。

5.4.4 城市中物品万维网的应用

虽然物品万维网仍然是一种新兴事物，但少数研究人员已经在理论上将其应用于城市环境中[42-44]。表 5-2 列举了城市中物品万维网应用的实例。

表 5-2 物品万维网在城市中的应用

来源	方式	描述
[42]	交通传感箱	一个通过网络轻松访问的传感器平台，内置超声波传感器，这种传感器平台可以通过计算过往车辆的数量来确定交通密度
[7]	物品万维网	一个旨在提高事物之间及事物与人类之间的交互网络应用框架
[45]	智能车辆系统	道路使用者可以申请交通信息服务，这种服务显示道路障碍和交通拥堵水平，通过物品万维网—应用程序编程接口为不同需求的用户提供个性化服务
[39]	能源可视化	该项目提供了一个网络仪表板，这个仪表板能够实现家用电器能耗可视化，使用户更好地了解、监控和控制家用电器耗能
[43]	智能家居	通过使用网络基础设施，设计出有益于大量并发用户的使家居自动化的网络应用程序
[30]	滑坡预警	在滑坡高风险区域中部署的传感器节点收集并显示实时遥测观测信息，如土壤移动和降水量

续表

来源	方式	描述
[51]	多媒体远程控制	基于网络应用程序的原型，可以通过移动蓝牙应用程序与附近的电子设备交换信息
[44]	智能农场	基于语义网标准的原型，使用牲畜监测技术、环境传感器和一个面向本体的体系结构，用于农场情况感知的个人实时警报

目前，在城市中，很难找到物品万维网的实际应用案例。表 5-2 中提及的几个应用都是预想案例，尚未应用于实际场景中。这样的物品万维网应用程序可能被应用于各种领域，例如，交通流量的测量和可视化[42, 45]或能量消耗[39]。物品万维网应用能够为智能家居[43]、智能农场[44]或自然灾害预警系统[30]的开发和运行提供帮助。表 5-2 中也提供了旨在改善事物之间交互、事物与人之间交互，且便于系统共享和控制，能够从中获取资源的网络应用程序框架[7, 46]。

物品万维网是物联网的特例[10]，与物联网一样，人们可以得出结论，物品万维网能通过居民和机器之间更密切的交互和集成来推进城市发展。

5.5 物联网与物品万维网的比较

本节对物联网和物品万维网进行综合对比，并对两种方法在智能城市和认知城市背景下的主要应用进行比较。

5.5.1 综合对比

在不考虑任何技术或网络结构的情况下，物联网只涉及（智能）事物与互联网的互连[8]，而 Web 是用事物构建应用程序通用平台的正确选择[9]。为了说明这一点，表 5-3 列出了物联网与物品万维网的对比情况，其中"+"表示正面（包括潜在的）影响，"-"表示负面影响（包括威胁）。在该对比中，仅包括常见的重要性标准，即在参考文献中最常提及的标准。尽管也考虑到其他标准（如自动化、生活质量和可持续性），但由于物联网和物品万维网在这些领域有相似的优势，所以省略了相关内容。基于上述原因，表 5-3 仅提到了物联网和物品万维网之间出现主要差异的相关标准。

087

如表 5-3 所示，物品万维网与物联网相比具有几个优势。例如，物品万维网更易于维护和程式化，比物联网更安全，且物品万维网的标准比碎片化的物联网标准更普遍适用。只有在隐私性方面，两个系统都面临一些问题，但即使在这方面，物品万维网也比物联网领先一步。

表 5-3　物联网与物品万维网的对比

	物联网	物品万维网
可维修性	・为每个新设备编写自定义转换器需要付出巨大努力[10] ・长期的可维护性漏洞（源于竞争成本和技术限制）[47] ・通过集成器提高系统可维护性[50]	・现有的广泛分布的网络（Web）技术使开发变得异常容易[8] ・维护 Web 应用程序更加简单经济[51] ・无网络突然停止运作并要求升级的风险[10]
隐私权	・个人数据收集的规模以及可能涉及的大量隐私使物联网中潜在危害被放大[47] ・隐私泄露（当一件事物发布到网上后，会一直留在网上）[53] ・目前物联网中只有一部分的隐私要求得到满足[52]	・潜在的隐私侵权（Web 服务存在的缺陷）[46] ・公开分享可能会对隐私产生严重影响[39] ・用于客户端与 Web 服务器之间安全加密数据的标准协议[10]
程序化	・设计与开发的复杂易用性[48] ・识别/寻址方案的大量计算能力[49] ・使用存在很大的障碍（复杂的物联网协议）[10]	・更轻松地通过 Web 应用程序访问周围设备[8] ・开放式生态系统（用标准 Web 服务创建应用程序）[46] ・与 Web 应用程序编码接口交互的程序化模型[10]
安全性	・易受攻击（如无人值守组件、无线通信、能量和计算受限资源）[5] ・个体数据被盗的可能性高[53] ・其他安全问题[27]	・与 HTTPS 的安全交互[8] ・风险较小（不断测试、更新和修复系统）[10] ・使用 HTTPS 和 OAuth 在客户端和网关之间进行经过身份验证的保密通信[40]
标准	・复杂的标准体系[29] ・由公司资助和管理的标准难以中立[10] ・存储残片的风险和缺乏充足标准的采用	・采用开放知识产权（事物通信的开放标准）[7] ・使用 Web 标准时有望得到的结果（易于访问）[39] ・开放和免费标准[10]

下一节将更详细地讨论这些方面。值得注意的是，上述比较只是基于参考文献的，并非一个详尽的列表。

5.5.2　智能城市和认知城市的优势

2011 年，互联设备的数量超过 90 亿，超出世界人口总数。2020 年约有 240 亿台[23]设备互联。对于城市而言，随着技术的发展和设备互联的爆发，物联网和物品万维网的概念比以往任何时候都有新意。

智慧城市的目标是更有效地利用资源来提高服务质量，从而提高城市的吸引力[2]。将设备嵌入日常实体对象并使其智能化，可以将这些对象集成到全球信息物理基础设施中[4, 6]。因此，物质和虚拟领域的互联可以在各个领域（如教育、健康、物流）改进城市管理和城市进程[2]。使用物联网，智慧城市面临着一定的障碍（如长期的可维护性漏洞[47]及编程的复杂性[48]）。更确切地说，城市必须投入大量精力来程序化和维护每个设备的定制转换器、识别和寻址的方案[10, 49, 50]。

这种编程与标准是耦合的，而物联网标准涉及面十分庞杂，并且许多标准由公司资助和管理，导致了物联网的发展情况也很复杂[29]。因此，在认知城市的背景下使用Web标准尤其有价值。这些开放的免费标准使城市更容易与居民共享数据[2, 10]。通过Web应用程序访问周围设备的可能性和使用开放标准使得这些设备可以很容易地以通用的方式访问[7, 8, 39]。

这种开放的数字增强智能生态系统使开发人员更容易处理来自各个领域的实时数据（如交通污染、公共交通）[46]。Web不会突然停止运行，因此维护此类基于Web的应用程序非常经济便捷[8, 10, 51]。智能事物和城市居民之间的实时信息共享引发了学习周期和模式识别。通过这种相互学习过程（联结主义[14]）可以实现群体智能[17]（如城市智能[18]）。

考虑到应用程序的可维护性、程序化和标准化，似乎物品万维网比物联网更具城市应用发展潜力。但是，这两种方式都面临隐私和安全问题。在物联网中，通常只能满足部分隐私保护需求[52]，这使得连接的设备极易受到攻击。在最坏的情况下，个体数据可能被盗[5, 53]。在物品万维网中，Web继续显示出一些可能带来严重安全隐患的缺点[39, 46]。但是，通过应用HTTP编程模型，特别是HTTPS，可以在移动客户端和网关之间提供经过身份验证的保密通信[8, 40]。此外，因为Web服务经常使用、测试、更新和修复，所以受到攻击的风险较小[10]。即便解决安全和隐私问题一直都很困难，物品万维网也能够比物联网更好地应对这些挑战。

5.6 结论和展望

考虑到互联网有将智能事物与个人和系统连接起来的潜力，一些研究表明互联网将演变为未来的物联网（物联网的高级和扩展版本）[54, 55]。但是，我们认为物联网的下一阶段将是物品万维网（经由 Web 扩展的物联网），特别是在城市发展的背景下。物品万维网在可维护性、程序化和标准化方面优于物联网，更适合用于开发智能和认知城市，特别是在以下几方面更具优势。

第一，通用标准和易程式化，这使得更多人能够参与新应用的开发；第二，更高的通信安全性；第三，维护 Web 所需的工作量变少。必须指出的是，这两种方法的比较是基于信息科学的研究，因此只是从一个视角提供了见解。为了确切搞清哪种方法更利于城市发展以及在何种程度上更利于城市发展，还应考虑其他视角（如数学和工程）。

在物品万维网背景下，一个未提及的重要问题是搜索过程。该过程能够找到并筛选出用于给定用途的互联对象，并能够将对象在 Web 应用程序中组合或关联起来。这些对象只有用可识别和可追踪的信息进行描述时才能找到。要在 Web 应用程序中使用这些互联对象，需要专用的描述语言（如 WSDL 或 WADL）。随着支持 Web 对象的出现，促进互联对象搜索的高效技术对于物品万维网的成功至关重要[56]。

另外，隐私和安全问题应得到更为详细的阐述。即使 HTTP 编程模型促进了保密通信，Web 在隐私和安全问题上也具有其他不容忽视的缺点。此外，应该进一步研究关于物品万维网如何在特定的现实案例中使智能城市和认知城市受益。目前本章仅描述了城市中的物品万维网的少量应用和案例，这表明未来该领域的研究还大有可为（如为城市创建 Google）。

致谢

感谢伯尔尼大学信息系统研究所，特别感谢该所的安妮·格斯特（Anne Gerster）和米歇尔·鲍尔默（Michelle Ballmer）为我们提供了有价值的信息。同时，来自物品万维网公司 EVRYTHNG① 的乔尔·福格特（Joël Vogt）也为本章的完成提供了支持、帮助和建议，在此一并致谢。

参考文献

[1] Y. Chen, E. Argentinis, G. Weber, IBM Watson: how cognitive computing can be applied to big data challenges in life sciences research. Clin. Ther. 38(4), 688–701 (2016)

[2] S. D'Onofrio, E. Portmann, Cognitive computing in smart cities. Inf. Spektrum, 1–12

---

① 详见 https://evrythng.com。

(2016)

[3] E. Portmann, M. Finger, Smart Cities! Ein Überblick. HMD Praxis der Wirtschaftsinformatik 52(4), 470–481 (2015)

[4] D. Miorandi, S. Sicari, F. De Pellegrini, I. Chlamtac, Internet of things: vision, applications and research challenges. Ad Hoc Netw. 10(7), 1497–1516 (2012)

[5] L. Atzori, A. Iera, G. Morabito, The internet of things: a survey. Comput. Netw. 54(15), 2787–2805 (2010)

[6] G. Misra, V. Kumar, A. Agarwal, K. Agarwal, Internet of Things (IoT)—A Technological Analysis and Survey on Vision, Concepts, Challenges, Innovation, Directions, Technologies, and Applications (An Upcoming or Future Generation Computer Communication System Technology). Am. J. Electric. Electron. Eng. 4(1), 23–32 (2016)

[7] A.P. Castellani, M. Dissegna, N. Bui, M. Zorzi, WebIoT: a web application framework for the internet of things, in *Workshop on Wireless Communications and Networking Conference Workshops (WCNCW)*, (IEEE, 2012), pp. 202–207

[8] S. Duquennoy, G. Grimaud, J.J. Vandewalle, The web of things: interconnecting devices with high usability and performance, in *International Conference on Embedded Software and Systems*, (2009), pp. 323–330

[9] S.S. Mathew, Y. Atif, Q.Z. Sheng, Z. Maamar, Web of things: description, discovery and integration, in *IEEE International Conferences on Internet of Things, and Cyber, Physical and Social Computing*, vol. 9, no. 15. (2011), pp. 19–22

[10] D. Guinard, V. Trifa, *Building the Web of Things* (Manning, Shelter Island, 2016)

[11] E. Portmann, The FORA framework—a fuzzy grassroots ontology for online reputation management. Dissertation 2012

[12] D. Pfisterer, K. Römer, D. Bimschas, H. Hasemann, M. Hauswirth, M. Karnstedt, O. Kleine, A. Kröller, M. Leggieri, R. Mietz, M. Pagel, A. Passant, R. Richardson, C. Truong, SPITFIRE: Towards a Semantic Web of Things. IEEE Commun. Mag. 49(11), 40–48 (2011)

[13] E. Portmann, M. Finger, *Towards Cognitive Cities—Advances in Cognitive Computing and its Application to the Governance of Large Urban Systems*, vol. 63. (Springer International Publishing 2016)

[14] G. Siemens, Connectivism: a learning theory for the digital age. Int. J. Instr. Technol. Distance Learn. 2(1), 3–10 (2005)

[15] P. Kaltenrieder, E. Portmann, S. D'Onofrio, Enhancing multidirectional communication for cognitive cities, in *2nd International Conference on eDemocracy & eGovernment*, Quito, Ecuador, (2015)

[16] J.S. Hurwitz, M. Kaufman, A. Bowles, *Cognitive Computing and Big Data Analytics* (John Wiley and Sons Inc, Hoboken, New Jersey, 2015)

[17] T.W. Malone, M.S. Bernstein, *Handbook of collective intelligence* (The MIT Press, Cambridge, 2015)

[18] R. Moyser, S. Uffer, From smart to cognitive: a roadmap for the adoption of technology in cities, in *Towards Cognitive Cities: Advances in Cognitive Computing and Its Applications to The Governance of Large Urban Systems*, ed. by E. Portmann, M. Finger (Springer International Publishing, Heidelberg, 2016), pp. 13–35

[19] A.R. Hevner, S.T. March, J. Park, S. Ram, Design science in information systems research. MIS Q. 28(1), 75–105 (2004)

[20] G. Papakostas, E. Papageorgiou, V. Kaburlasos, Linguistic fuzzy cognitive maps (LFCM) for pattern recognition, in *IEEE International Conference on Fuzzy Systems (FUZZIEEE 2015)*, Istanbul, Turkey, (2015), pp. 1–7

[21] T. Berners-Lee, J. Hendler, O. Lassila, The semantic web. Sci. Am. 284(5), 28–37 (2001)

[22] S. D'Onofrio, E. Portmann, Von fuzzy-sets zu computing-with-words. Inf. Spektrum 38(6), 543–549 (2015)

[23] J. Gubbi, R. Buyya, S. Marusic, M. Palaniswami, Internet of things (IoT): a vision, architectural elements, and future directions. Future Gener. Comput. Syst. 29, 1645–1660 (2013)

[24] International Telecommunication Union, *Overview of the internet of things* (ITU, Geneva, 2012)

[25] E. Portmann, P. Kaltenrieder, W. Pedrycz, Knowledge representation through graphs, in *International Conference on Soft Computing and Software Engineering*, Berkeley, California (2015)

[26] M. Yun, B. Yuxin, Research on the architecture and key technology of internet of things (IoT) applied on smart grid, in *Proceedings of the International Conference on Advances in Energy Engineering*, (2010), pp. 69–72

[27] H. Zhang, L. Zhu, Internet of things: key technology, architecture and challenging problems, in *IEEE International Conference on Computer Science and Automation Engineering (CSAE)*, vol. 4, (2011), pp. 507–512

[28] Eclipse IoT White Paper, *The Three Software Stacks Required for IoT Architectures*, (2016), pp. 1–16

[29] P.F. Drucker, Internet of things—position paper on standardization for IoT technologies, in *European Research Cluster on Internet of Things*, (2015), pp. 1–142

[30] M.O. Kebaili, K. Foughali, K. FathAllah, A. Frihida, T. Ezzeddine, C. Claramunt, Landsliding early warning prototype using MongoDB and web of things technologies. Proc. Comput. Sci. 98, 578–583 (2016)

[31] F. Gao, M.I. Ali, A. Mileo, RDF stream processing for smart city applications, in *RDF Stream Processing Workshop (ESWC2015)*, (Slovenia, 2015), pp. 1–3

[32] A. Ghose, P. Biswas, C. Bhaumik, M. Sharma, A. Pal, A. Jha, Road condition monitoring and alert application, in *IEEE Pervasive Computing and Communication (PerCom 2012)*, (Lugano, Switzerland, 2012), pp. 489–491

[33] D. Kyriazis, T. Varvarigou, A. Rossi, D. White, J. Cooper, Sustainable smart city IoT

applications: heat and electricity management & Eco-conscious cruise control for public transportation, in *International Symposium and Workshops on a World of Wireless, Mobile and Multimedia Networks (WoWMom 2013)*, (2013), pp. 1–5

[34] N. Zhang, H. Chen, X. Chen, J. Chen, Semantic framework of internet of things for smart cities: case studies. Sensors 16(9), 1–13 (2016)

[35] D. Carter, Urban regeneration, digital development strategies and the knowledge economy: manchester case study. J. Knowl. Econ. 4(2), 69–189 (2013)

[36] IoT Open Platforms, BUTLER Smart Parking Trial, http://open-platforms.eu/app_deployment/butler-smart-parking-trial/. Accessed 12 Jan 2017

[37] S. Aghaei, M.A. Nematbakhsh, H.K. Farsani, Evolution of the world wide web: from web 1.0 to web 4.0. Int. J. Web Semant. Technol. (IJWest) 3(1):1–10 (2012)

[38] D. Guinard, V. Trifa, Towards the web of things: web mashups for embedded devices, in *International World Wide Web Conference, Workshop on Mashups, Enterprise Mashups and Lightweight Composition on the Web (MEM 2009)*, (2009), p. 15

[39] D. Guinard, V. Trifa, F. Mattern, E. Wilde, From the internet of things to the web of things: resource-oriented architecture and best practices, chapter, in *Architecting the Internet of Things*, ed. by D. Uckelmann, M. Harrison, F. Michahelles (Springer, Berlin Heidelberg, 2011), pp. 97–129

[40] V. Trifa, Building blocks for a participatory web of things: devices, infrastructures, and programming frameworks. Dissertation 2011

[41] S. Tilkov, REST und HTTP Einsatz der Architektur des Web für Integrationsszenarien, dpunkt.verlag (2011)

[42] A. Bröring, A. Remke, D. Lasnia, SenseBox—a generic sensor platform for the web of things, in 8th *Annual International Conference on Mobile and Ubiquitous Systems: Computing, Networking and Services (MobiQuitous 2011)*, vol. 104, no. 5 (Springer Berlin, 2012), pp. 186–196

[43] A. Kamilaris, A. Pitsillides, The smart home meets the web of things. Int. J. Ad Hoc Ubiquitous Comput. 7(3), 145–154 (2011)

[44] K. Taylor, C. Griffith, L. Lefort, R. Gaire, M. Compton, T. Wark, D. Lamb, G. Falzon, M. Trotter, Farming the web of things. IEEE Intell. Syst. 28(6), 12–19 (2013)

[45] T.S. Dillon, H. Zhuge, C. Wu, J. Singh, E. Chang, Web-of-things framework for cyber-physical systems. Concurr. Comput. Pract. Exp. 23(9), 905–923 (2011)

[46] D. Guinard, V. Trifa, E. Wilde, A resource oriented architecture for the web of things, in *Internet of Things (IOT)*, (IEEE, 2010), pp. 1–8

[47] Internet Society Whitepaper, The internet of things: an overview—understanding the issues and challenges of a more connected world, 1–75 (2015)

[48] J. Chase, *The evolution of the internet of things* (Strategic marketing, Texas Instruments, Texas Instruments Incorporated, Dallas, 2013), pp. 1–6

[49] E. Fleisch, What is the internet of things? An economic perspective, economics,

management, and financial market 2, 125–157 (2010)

[50] F. Jammes, *Internet of Things in Energy Efficiency, Ubiquity Symposium*, (ACM, 2016), p. 2

[51] J. Pascual-Espada, V.G. Diaz, R.G. Crespo, O.S. Martinez, B.C.P. G-Bustelo, J.M. Cueva Lovelle, Using extended web technologies to develop Bluetooth multi-platform mobile applications or interact with smart things. Inf. Fusion, 21:30–41 (2015)

[52] S. Sicari, A. Rizzardi, L.A. Grieco, A. Coen-Porisini, Security, privacy and trust in internet of things: the road ahead. Comput. Netw. 76, 146–164 (2015)

[53] Z. Jun, Internet of Things, Disruption or Destruction? Amsterdam Business School (2014)

[54] R. Khan, S.U. Khan, R. Zaheer, S. Khan, Future internet: the internet of things architecture, possible applications and key challenges, in *IEEE 10th International Conference on Frontiers of Information Technology (FIT)*, (2012), pp. 257–260

[55] J.A. Stankovic, Research directions for the internet of things. IEEE Internet Things J 1(1), 3–9 (2014)

[56] C. Benoit, V. Verdot, V. Toubiana, Searching the 'Web of Things', in *Fifth IEEE International Conference on Semantic Computing (ICSC)* (2011), pp. 308–315

第 6 章
基于物联网的无线高更新率超媒体流传输

乔治·科肯尼斯，科斯塔斯·E.普什安妮斯，马诺斯·鲁迈利奥蒂斯，
石桥丰，金炳圭，安东尼·G.康斯坦丁尼德斯

摘要：本章研究了基于物联网的实时无线高更新率超媒体数据传输，介绍了有关超媒体数据传输和用户体验（QoE）要求的相关工作，提出了一种通过物联网无线传输多个超媒体流的高级架构设计。本章分析了最知名的用于无线传感数据传输的压缩技术和流量控制。基于这些压缩技术，本章提出了一种新的网络自适应流量控制算法，以及基于物联网的高更新率超媒体数据包的多跳反射无线传输测量。

6.1 绪论

在过去几年中，互联网发展迅速，已经从传输简单的文本和静态页面的万维网发展到能实时传输超媒体的 Web2.0，即机器与机器之间（M2M）的通信。互联网发展的新阶段是物联网。物联网在语义上是指基于标准通信协议基于唯一地址的对象互联全球网络[1]。物联网提高了效率和有效性，并提供了新的商机。除人与人之间的通信外，人与物体及物体与物体之间的通信正在不断发展，传感器、执行器和智能对象目前正在交换信息。物联网设备数量可能已超过 300 亿，信息交换的数量正在迅速增加。物联网必须克服的挑战之一是确保所有参与者的服务质量，并最大限度地提高所有用户的体验质量。诸如 MQTT、XMPP、COAP 和 6LoWPAN 等新协议[2]已经被提出，这些协议考虑了能耗、安全性和可扩展性等问题。物联网的主要目标应该是提供高质量的用户体验。随着互联网条件的不断变化，传输协议和流量控制算法应监控网络状况

并变革超媒体数据流。

在这个庞大的网络中,无线通信发挥着重要作用。物联网终端用户大多以无线方式进行数据传输。这使他们能够自由移动而不受电线约束。表 6-1 列举了所有可用于此类传输的无线通信标准。

3G/4G 和 802.11g 在可用范围上的优势使其成为物联网最常用的标准。3G/4G 使用蜂窝网络提供无限的范围,而 Wi-Fi 网络的范围虽然只能扩展到几百米,但速度比 4G 快得多。5G(第五代移动网络或第五代无线系统)是目前最具前景的标准。5G 在蜂窝网络中提供大范围应用的 3 个主要准则是:①速度超过 1Gb/s;②延迟低于 1ms;③比 4G 更节能。

表 6-1 无线通信标准

标准	范围	数据速率	能量	频率
ZigBee	10 ~ 75 m	20/40/250 kbps	30 mW	868/915/2400 MHz
蓝牙	10 ~ 100 m	1 ~ 3 Mbps	2.5 ~ 100 mW	2.4 GHz
IrDA	1 m	16 Mbps	10 μW	红外频率
MICS	2 m	0.5 Mbps	25 μW	402 ~ 405 MHz
802.11 g	0.2 ~ 1 km	54 Mbps	0.1 ~ 1 W	2.4 GHz
3G/4G	基于手机	5/12 Mbps	32 ~ 200 mW	900/1800/2300 MHz
5G	基于手机	>1 Gbps	未定	未定

通过物联网传输的数据的主要组成部分是传感器和执行器。这些数据的一个重要部分涉及人类的触觉,触觉学是通过触摸感觉和操纵物体来与计算机应用程序交互的科学。触觉数据在用户的体验质量上发挥着重要作用,它将虚拟现实变为增强现实,并将多媒体发展为超媒体。影响远程触觉技术蓬勃发展的主要是无线物联网中遇到的延迟和抖动。当 5G 在公众中大面积使用后,定义流量控制算法可以在可用的物联网无线通信中减轻网络中的拥塞、延迟和数据包丢失。

本章的其余部分安排如下:6.2 节提出触觉数据传输的服务质量要求。6.3 节描述针对无线物联网中触觉数据所提出的流量控制算法。6.4 节是关于传输无线高更新率超媒体流的测量。6.5 节总结本章内容并给出结论。

6.2 超媒体系统传输的高级架构和服务质量要求

实时超媒体应用程序需要及时传输视频、音频、图形、触觉和其他传感数据。为了推断建立超媒体应用的服务质量要求，可把平均意见得分（MOS）作为一个基本度量方法，以平衡服务质量与体验质量之间的差异。平均意见得分正在评估用户在使用超媒体服务时的体验质量。据观察，体验质量降低的主要原因是网络延迟程度相对较高且不稳定。数据包延迟偏差（通常称为抖动）是超媒体系统不稳定的主要原因。物联网在异常拥堵的网络中，即使尽最大努力，也常常产生高抖动值和延迟值。

为了尽可能地提高体验质量，通过物联网传输的超媒体必须满足的网络条件如表 6-2 所示[3]。

表 6-2 超媒体应用的服务质量要求

服务质量	触觉	视频	音频	图形
抖动 /ms	≤ 2	≤ 30	≤ 30	≤ 30
延迟 /ms	≤ 50	≤ 400	≤ 150	≤ 100 ~ 300
数据包丢失 /%	≤ 10	≤ 1	≤ 1	≤ 10
更新率 /Hz	≥ 1000	≥ 30	≥ 50	≥ 30
数据包大小 /bytes	64 ~ 128	≤ MTU	160 ~ 320	192 ~ 5000
吞吐量 /kbps	512 ~ 1024	2500 ~ 40000	64 ~ 128	45 ~ 1200

从表 6-2 中可以看出，相对音频、视频和图形这些常见的多媒体应用而言，触觉应用对抖动和延迟更敏感。触觉应用程序的网络延迟必须小于 50 ms，而视频应用程序的网络延迟必须小于 400 ms，音频应用程序的网络延迟必须小于 150 ms，图形应用程序的网络延迟小于 100 ms。

由于不稳定性和缺乏同步性，触觉应用通常会导致系统故障，因此触觉应用的抖动值必须特别小，至少小于 2 ms。在接收器侧面放置一个缓冲器的补偿技术能在一定程度上克服这一障碍，如此可以将数据包以更稳定的速率传输到接收器。这种技术的缺点是它会增加端到端的平均延迟。

一方面，这种应用程序的更新率应该相对较高。为了获得"远程呈现"

的最大传感,更新速率应为每秒1000个数据包。特别是在用户/对象相互操作的情况下,需要这种高更新率。对象越复杂,更新率应越高,这样可以避免不必要的入侵和振荡。尽管一些引人关注的研究一直在探索降低高更新率的方式,但更新率仍然是研究者追逐的目标。发送速率的降低主要基于韦伯的最小可觉察定律,这个定律描述了人类触觉所能感知的最小改变,并且通常被称为"死区控制"[4]。

另一方面,这种应用对吞吐量的要求不高。小吞吐量是基于控制命令和触觉反馈的数据包相对较小这一事实,通常为 64~128 B。这意味着当更新速率为每秒1000个数据包时,吞吐量区间在 512~1024 kbps。

此外,触觉应用程序中的数据丢失可能高达10%。高更新速率通常需要补偿丢失的数据包,而数据包丢失事件不被用户理解。根据传输和应用层协议,除了一些可靠发送的"关键数据",大多数正常更新数据包发送都是不可靠的[5],可接受数据包丢失的高百分比(10%)属于"正常"范畴。

为了满足上述服务质量要求,我们提出用于传输超媒体数据流的高级架构设计(图6-1)。

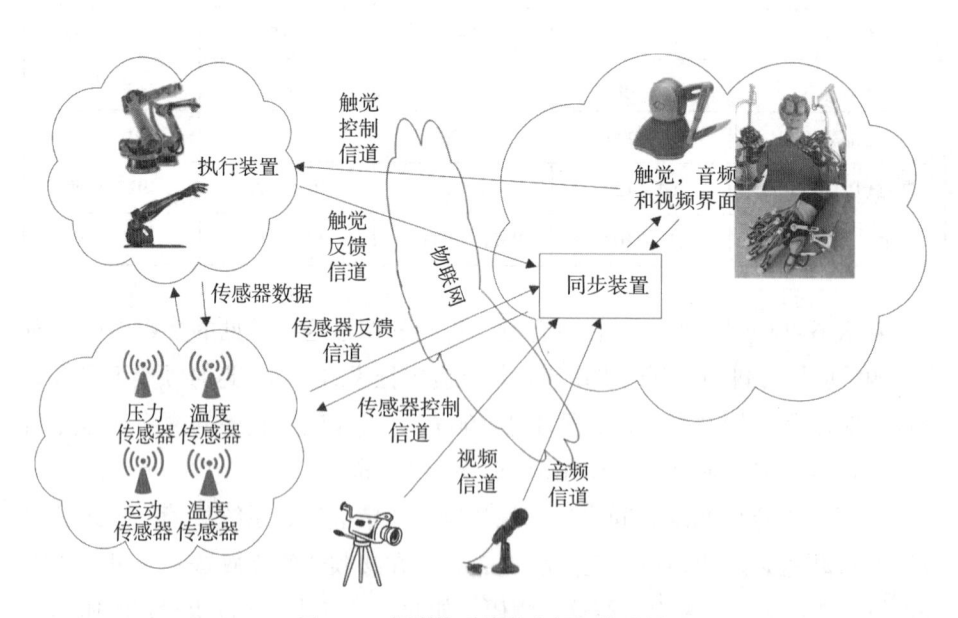

图 6-1 超媒体系统的高级架构设计

每个媒体流包含单独通信信道，具体如下。

（1）触觉控制信道。它将命令从用户传输到远程触觉设备。在此信道内，应根据触觉数据传输协议的特性，严格执行服务质量规则以满足表6-2的要求。

（2）触觉反馈信道。它将来自远程触觉接口/服务器的触觉反馈传回用户。严格执行表6-2的服务质量规则。所有触觉反馈数据应与其他传感器的反馈数据（视频和音频）同步，以便优化用户体验质量。

（3）HEVC视频信道。这个信道传输H.264/HEVC视频流。视频流具有来自其他所有流的最高吞吐量。诸如基于RTP和UDP的实时协议通常用于该信道传输。

（4）音频信道。它将音频数据从监督环境传回同步装置。通常使用RTP和UTP协议。

（5）传感器控制信道。这个信道将控制命令传输到远程传感器。通常使用TCP协议使这些命令得到可靠的传输。

（6）传感器反馈信道。该信道将传感器数据传输到同步装置。一般来说，此信道的数据服务质量要求较低，此数据流的更新率和数据包通常很小。

所有上述信道都将其数据传输到同步装置。为了实现所有媒体流的同步，必须采用虚拟时间压缩和扩展、跳跃、缩短和延长输出持续时间等同步技术[6]。

6.3 基于物联网的超媒体传输控制滤波算法

超媒体流要求每个媒体流具有不同的服务质量。为了满足服务质量要求，每个数据流应采用不同的流控制技术。相比其他数据流，具有严格服务质量的数据流有较高优先权。此外，物联网的网络条件是随时间变化的，因此流量控制算法具备网络自适应性。传输速率、数据包大小和每个数据流的吞吐量也应该具备网络自适应性。如果网络出现拥塞迹象，则应降低传输速率，减少数据包，以避免严重拥塞。如果网络状况恶化，应该筛选和丢弃优先级较低的数据包。自适应差分编码和量化应根据网络条件修改数据包大小。

图6-2所示为基于物联网的超媒体流传输网络自适应流控制算法的系统模型。下面，我们将对该算法的每个步骤进行分析。

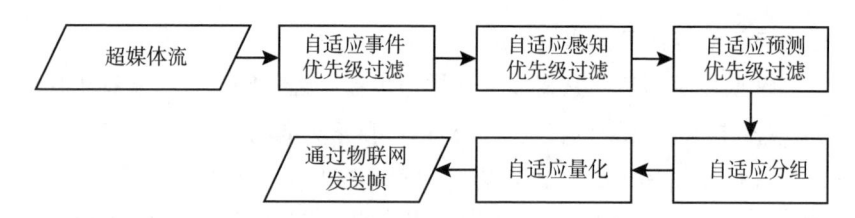

图6-2 基于物联网的超媒体流传输网络自适应流控制算法的系统模型

6.3.1 网络自适应事件优先级

与其他常规更新数据包相比，重要事件/关键点的数据包应该被赋予更高的优先级，并且应该更可靠地发送[7]。当网络状况恶化时，应该缓冲或丢弃优先级较低的数据包，如H.264/265视频流的即时解码刷新（IDR）、抓取虚拟对象的重要触觉事件。

6.3.2 网络自适应感知优先级

根据韦伯–费希纳定律[4]，使用式（6-1）计算最小可觉察误差（JND），因素 I 是超媒体接口对用户造成的刺激强度。基于航位推算理论[8]，这里支持删除对用户产生微小感知的差别阈值 ΔI 的超媒体数据包，常数 κ 称为韦伯分数。

$$\Delta I = I \times \kappa \quad (6-1)$$

当超媒体数据包对刺激强度 dI 产生高于差别阈值 ΔI 的用户差异时，数据包应获得最高优先级。刺激强度 dI 越高，数据包的优先级越高。

为了使算法具有网络自适应性，韦伯分数 κ 应根据网络条件而变化。当网络状况恶化时，常数 κ 应该增加，以便降低数据流的吞吐量。韦伯分数越大，用户的体验质量通常越差。

6.3.3 网络自适应预测优先级

通过先前数据包可以预测数据包应该获得什么类型的预测优先级[9]。预测装置安装在发送器和接收器处。如果接收方的预测装置来自发送方发送的最后一个数据包，那么当前数据包就不会被发送。为了使算法具备网络自适应性，除了相同的预测包，不传输与真实包类似的预测包。同样，该算法根据韦伯-费希纳定律来决定哪些数据包可以在接收端成功被预测到。如果预测包对于来自实际数据包用户的刺激强度 dI 没有产生比阈值 ΔI 更大的差异，则不发送数据包，但是数据包在接收端可以预测到。

6.3.4　网络自适应传输速率

发送源应根据网络状况调整其传输速率[10]。如果超媒体接口稳定地产生更新数据包并且发送方使发送速率产生波动，则发送方需要缓冲区来吸收波动。该技术的负面影响是，如果超媒体接口以非常高的更新速率产生数据包，而触觉反馈通常为 1kHz，发送方应该更快地发送数据包以补偿先前较低的速率。如此高的更新速率通常会导致网络拥塞和数据包丢失。为了降低更新速率，一个可行的建议是将一组数据包集成到一帧中，并将它们作为一个数据包统一发送，这种技术称为封包间隔。藤本（Fujimoto）和石桥（Ishibashi）[11]研究表明，每帧中每 8 个数据包封包间隔，且每 8 秒发送一次而非每秒发送一个数据包，可以改善过载网络的系统性能，这意味着发送速率可以降低到 1 kHz 的 1/8。

6.3.5　网络自适应量化和差分编码

超媒体流占用的频带宽度取决于两个因素，即帧率和帧大小。如果对集中在一帧的数据包使用差分编码和量化，则可以减小帧大小[12]。推荐采用的技术是差分脉冲编码调制（DPCM）。差分编码不发送空数据包，而是发送参考点和处理后的数据包之间的差异。相对原始数据包而言，差分编码产生的数据包要小。较小的数据包意味着较少的位。可以利用可变量化步长来进行微分值的量化。文献［12］中引入了用于触觉反馈的数据包的自适应差分脉冲编码调制（ADPCM）。量化步长应随着网络状况的改变而变化。当网络状况恶化时，量化步长应该增加，以便减少重建原始值所需要的位。

6.4　测量基于 Wi-Fi 中继器的高更新率数据流的性能

网络条件是指通过网络传输的数据量，包括端到端延迟、源和目标之间的抖动以及数据传输的可用带宽。

以上所有指标在时间和空间上都有所不同。这些指标取决于在线用户的数量，在特定测量时间传输的数据量以及线路和路由器的可用设备。通过网络传输的数据量不断增加，在线用户的数量也在增加，需要通过不断升级计算机网络的基础设施来补偿数据传输量的增长。

监视网络状态的方法有两种，网络测量的方式分为主动测量和被动测量[13]。在主动测量中，通过向特定目标节点发送生成的特殊探测包和ICMP消息，来测量链路延迟、往返时延、抖动和丢包率。一些常见的主动测量诊断工具包括 ping、traceroute、capprobe、pathchar、netem 和 dummynet[14]。被动测量主要是观测链路上的业务流量信息，常见的被动测量诊断工具有 Tcpdump、Wireshark、Ethereal、Netflow 和 JFlow，这些通常被称为嗅探器[15]。

作者仔细测量了具有无线中继器的 Wi-Fi 多跳网络中的平均值、延迟的标准偏差和丢包率。这些测量用到两种不同的拓扑结构。第一种情况是具有一个接入点（AP）的简单 Wi-Fi 网络。第二种情况是具有一个有线接入点和一个无线中继器的 Wi-Fi 网络。使用的接入点是 300 Mbps 腾达 A30 无线信号放大器。数据流的数据包大小和更新速率正在变化，以便检测是否可以通过无线多跳网络传输高更新率的超媒体流。在所有网络拓扑中，使用了两种不同的更新速率，即每秒 1000 个数据包的数据流和每秒 500 个数据包的数据流。数据流的数据包大小从 64B 更改为 128B 和 256B。这些测量结果如表 6-3 所示。

表 6-3 超媒体流的网络状态

网络	更新率/ （数据包/秒）	数据包大小/ B	往返时间/ ms	RTT 的标准变化/ ms	数据包丢失/ %
没有接入点的 Wi-Fi	1000	64	3.65	6.19	0.06
没有接入点的 Wi-Fi	1000	128	3.80	6.59	0.00
没有接入点的 Wi-Fi	500	128	3.21	5.15	0.00
没有接入点的 Wi-Fi	500	256	3.78	6.18	0.07
有 1 个接入点的 Wi-Fi	1000	64	11.18	8.85	0.39
有 1 个接入点的 Wi-Fi	1000	128	14.97	17.98	0.80
有 1 个接入点的 Wi-Fi	500	128	7.37	8.20	0.40
有 1 个接入点的 Wi-Fi	500	256	10.98	15.16	0.42

可以看出，表 6-3 的往返延迟远小于表 6-2 服务质量要求中的延迟值，而表 6-3 的抖动值大于表 6-2 的抖动服务质量要求中的抖动值。如果在接收侧

放置网络自适应缓冲器来吸收延迟波动并减小抖动，则可以获得更好的结果。

另外，可以看出，当更新速率增加、数据包大小保持稳定时，网络延迟、抖动和丢包率也随之增加，这意味着网络条件恶化。同样，当数据包大小增加且更新速率保持不变时，网络条件也会恶化。

在实验中发现一个特别的现象，当更新速率降到一半（从每秒1000个数据包降低到每秒500个数据包），并且数据包大小增加一倍（从128 B到256 B），即应用程序的吞吐量保持不变时，网络条件得到改善；当无线网络是由无线中继器组成时，这种改善更加明显。根据这次观测报告提出的流控制算法，试图将数据包组成更大的帧来降低数据流的发送速率，当网络状况不好时尤其应该如此。此外，在这些帧中，使用差分编码和量化等压缩技术，以便将传输的帧最小化。从表6-3可以看出，当发送速率较低且传送包较小时，延迟、抖动以及丢包率能够实现最小化。

6.5 结语

无线网络是物联网不可或缺的一部分。互联网服务提供商应该在服务质量中整合传输超媒体流所需的网络条件，促使物联网蓬勃发展。5G移动网络有望达到每秒提供超过1 Gbps的带宽，延迟低于1 ms，以及高于4G的能量使用率的目标。

本章中进行的实验测试证明，基于物联网使用无线多跳网络传输实时高更新速率的超媒体流具有很大的挑战性。在有线网络中，网络条件足以支持高更新速率的传输。在无线多跳网络中，高更新速率会导致端到端的延迟、抖动和数据包丢失增多。特别是当更新速率很高时，或者当传输的数据包变大或无线网络中的跳数成倍增加时，这种情况更加明显。为了最大限度地减少这些影响，本章提出了一种基于无线多跳网络高更新速率超媒体数据传输的流量控制算法，在研究中使用预测、压缩、数据包优先级和筛选技术，以便最小化超媒体流的更新速率和数据包大小，减少数据流控制延迟、抖动和数据包丢失率。

参考文献

[1] INFSO D.4 Networked Enterprise & RFID INFSO G.2 Micro & Nanosystems, in *Co-operation with the Working Group RFID of the ETP EPOSS, "Internet of Things in 2020,*

Roadmap for the Future", Version 1.1, 27 May 2008

[2] Z. Sheng, S. Yang, Y. Yu, A. Vasilakos, J. McCann, K. Leung, A survey on the IETF protocol suite for the internet of things: standards, challenges, and opportunities. IEEE Wirel. Commun. 20(6), 91–98 (2013)

[3] K. Iwata, Y. Ishibashi, N. Fukushima, S. Sugawara, Qoe assessment in haptic media, sound, and video transmission: effect of playout buffering control. Comput. Entertain. (CIE) 8(2), 12 (2010)

[4] S. Allin, Y. Matsuoka, R. Klatzky, Measuring just noticeable differences for haptic force feedback: implications for rehabilitation, in *Proceedings of the 10th Symposium on Haptic Interfaces for Virtual Environment and Teleoperator Systems*. IEEE (2002), pp. 299–302

[5] S. Dodeller, N.D. Georganas, Transport layer protocols for telehaptics update message, in *Proceedings of the 22nd Biennial Symposium on Communications, Queen's University, Canada*, May 31–June 3 (2004)

[6] Q. Zeng, Y. Ishibashi, N. Fukushima, S. Sugawara, K. Psannis, Influences of inter-stream synchronization errors among haptic media, sound, and video on quality of experience in networked ensemble, in *Proceedings of the IEEE 2nd Global Conference on Consumer Electronics (GCCE)*, Oct 2013, pp. 466–470

[7] S. Lee, J. Kim, Priority-based haptic event filtering for transmission and error control in networked virtual environments. Multimed. Syst. 15(6), 355–367 (2009)

[8] Y. Ishibashi, Y. Hashimoto, T. Ikedo, S. Sugawara, Adaptive delta-causality control with adaptive dead-reckoning in networked games, in *Proceedings of the 6th ACM SIGCOMM Workshop on Network and System Support for Games*. ACM (2007), pp. 75–80

[9] C.W. Borst, Predictive coding for efficient host-device communication in a pneumatic force-feedback display, in *Proceedings of the Eurohaptics Conference, Symposium on Haptic Interfaces for Virtual Environment and Teleoperator Systems*. IEEE (2005), pp. 596–599

[10] R. Wirz, R. Marn, M. Ferre, J. Barrio, J.M. Claver, J. Ortego, Bidirectional transport protocol for teleoperated robots. IEEE Trans. Ind. Electron. 56(9), 3772–3781 (2009)

[11] M. Fujimoto, Y. Ishibashi, Packetization interval of haptic media in networked virtual environments, in *Proceedings of the 4th ACM SIGCOMM Workshop on Network and System Support for Games*. ACM (2005), pp. 1–6

[12] C. Shahabi, A. Ortega, M.R. Kolahdouzan, A comparison of different haptic compression techniques, in *Proceedings of the IEEE International Conference on Multimedia and Expo, ICME'02*, vol. 1. IEEE (2002), pp. 657–660

[13] A. Callado, C. Kamienski, G. Szabo, B. Gero, J. Kelner, S. Fernandes, D. Sadok, A survey on internet traffic identification, in *Communications Surveys Tutorials*, vol. 11, no. 3. IEEE (2009), pp. 37–52

[14] A. Finamore, M. Mellia, M. Meo, M.M. Munafo, D. Rossi, Experiences of internet traffic monitoring with Tstat. IEEE Netw. 25(3), 8–14 (2011)

[15] A. Callado, C. Kamienski, G. Szabo, B. Gero, J. Kelner, S. Fernandes, D. Sadok, A survey on internet traffic identification. IEEE Commun. Surv. Tutor. 11(3), 37–52, 3rd Quarter (2009)

第7章
物联网应用的智能连接

阿尔贝娜·米哈韦斯卡，马哈斯维塔·萨尔卡

摘要： 物联网场景的特点是通过大量技术实现数十亿设备间超密集交互工作，以提供智能化个性服务和应用。该场景的主要挑战和显著特征是必须收集大量来自周围环境和人体的信息，这些信息大多必须实时或近实时处理，以实现个性化服务的无障碍交付，这对用户生活质量至关重要。智能环境辅助生活（Ambient Assisted Living，AAL）环境中的智能连接涉及设备之间以及人与设备之间的可靠数据信道的可用性，会启用信息个性化的云/网络接口功能。本章探讨了在智能环境辅助生活中实现智能连接面临的研究挑战，并提出了一种可扩展和自主交互的新方法，以增强个性化体验。

7.1 绪论

信息通信技术的使用给社会带来了诸多好处，成为创新智能和生活辅助应用的主要驱动力[1-5]。得益于物联网理念的快速发展，这种趋势得以保持，而物联网是智能周边环境的关键推动因素。

物联网场景的特点是通过用于交付智能化个性服务和应用程序的多种技术实现数十亿设备的超密集互联互通。这种情况下的主要挑战和显著特征是从周围环境和人体中收集到的大量信息必须以实时或近实时的方式进行处理，以便不干扰用户的个性化服务且通常对提供给用户的福利服务而言至关重要。

智能环境辅助生活中的连接关系到设备之间以及人与设备之间的可靠数据信道的可用性，并且启用了个性化信息的云/网络接口。

本章探讨在智能环境辅助生活中实现智能连接面临的主要研究挑战，并提出了一种能够实现可扩展和自主交互的新方法，以增强个性化体验。

本章内容结构如下：7.2 节描述智能连接的趋势，这与用户中心概念和相关场景呈现有关；7.3 节描述智能连接的技术支持，明确说明实现智能连接部署所需克服的主要研究挑战；7.4 节详述超密集智能连接的场景，明确与实际部署相关的关键要求；7.5 节总结全文。

7.2 以用户为中心的场景的智能连接

从 2000 年开始，在用户对数据可用性需求的推动下，全球研究已经在无线短程、蜂窝和卫星技术以及计算和人工智能领域经历了快速发展。反过来，这又开辟了发展物联网概念的新业务视野，并将用户作为内容生成和业务收入的中心点提出。在全球范围内保持消息灵通的愿望及提高人们生活质量的愿望使得社会交互可能达到一个新的层面，这不仅与直接以用户为中心的圈子内的单纯交流有关，而且与在更广泛地改善社会经济状况方面为用户和社会双方带来利益的可能性。设备数量的增长、用户对数据的需求以及无线技术的研究发展之间有很强的相关性，其关系如图 7-1 所示。

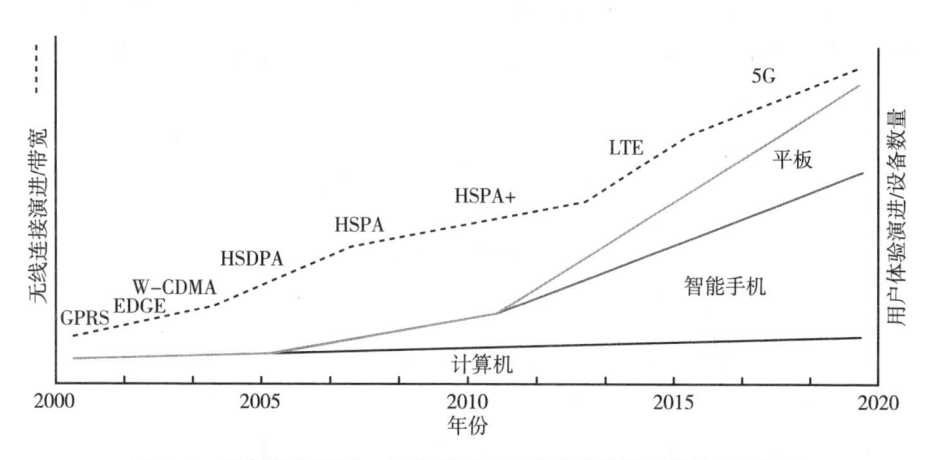

图 7-1 设备数量增长、用户需求和无线技术发展之间的相互影响

在这种背景下，终端用户服务和应用程序在实现智能化的研究中发挥决定性作用。这些智能化技术正在不断发展，从而能够采用全新的方式利用现有的或新建设的基础设施以改善城市、区域、国家或全世界的经济生活[6]。本章涉及智能连接提供以用户为中心的信息通信技术应用，如 eHealth 和智能环

境辅助生活。

如今出现的一些优秀技术作为关键因素推动着以用户为中心的智能信息通信技术的应用发展。这些技术包括智能传感、短程无线和室内定位、云雾计算、社交网、信息和机器学习技术、决策支持系统、行为和认知过程建模,以及系统和过程建模。这一概念也被称为以用户为中心的物联网[7],为实现复杂和超密集的连接研究带来许多启示。为了实现以用户为中心的物联网场景,需要在不同级别进行智能连接,如图7-2所示。

在过去10年中,出现了许多由智能连接支持的以用户为中心的场景。其中最突出的几个在全球得到广泛研究和商业关注的领域包括电子健康、智能城市、智能电网、智能车辆等。

米哈夫斯卡(Mihovska)等人[7]引入了智能体域网(S-BAN)[8]的概念,并将其作为以用户为中心的场景中最小的组件。智能体域网实现了人与设备及人与传感器网络之间的接口。如图7-2所示,智能体域网作为以用户为中心的连接的关键要素,其应用主要涉及电子健康或简单的日常活动和安全监测。数据通信通过位于人体上的无线传播信道和网络实现[9-11]。

通过智能无线连接,智能体域网可以连接到环境中的其他智能局域网、设备和传感器网络。我们通过家庭监控的实例可以更好地解释这种情景。家庭

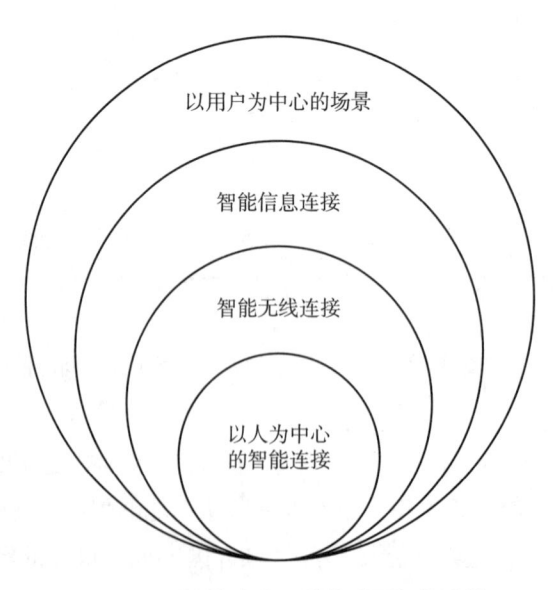

图7-2 以用户为中心的物联网智能连接

监控是指从家庭用户环境获取传感和视听数据,应用诸如机器学习、模糊逻辑和其他人工智能算法等技术来分析这种监控过程。这里的关键先决条件是,此连接可以随时随地启用,以实现更复杂的以用户为中心的场景。例如,从周围环境中获取信息或将获取的信息用于个人安全(如跌倒检测)[12]。在这种情况下,数据通信将通过短程无线技术得以实现,这些信息需要采用雾计算之类的技术进行实时处理[12]。

以云技术及生活行为模式推理、语义学和智能决策支持系统等技术为依托,智能信息连接可实现以用户为中心的场景个性化服务的传输,以制定短期、中期和长期的以用户为中心的智能决策服务[13]。对此而言,分析和大数据是必不可少的元素。

对以用户为中心的场景,智能连接最重要的特征是技术的无感性和无缝性。反过来,这些特征需要适当的安全、信任和隐私机制,以保证用户友好性、个人用户数据安全防护性和用户的安全性。

可以预测,以用户为中心的场景中可实现的智能程度将允许任何类型的"物体"具备通信功能,而不仅仅是配备有传统无线电子设备的物体[14]。这一概念已经引起了对可见光通信[15]等非无线电连接技术的研究兴趣。启用可见光通信的智能连接情景如图7-3所示。

在图7-3的场景中,通过可见光通信和短程无线技术之间的无缝切换,

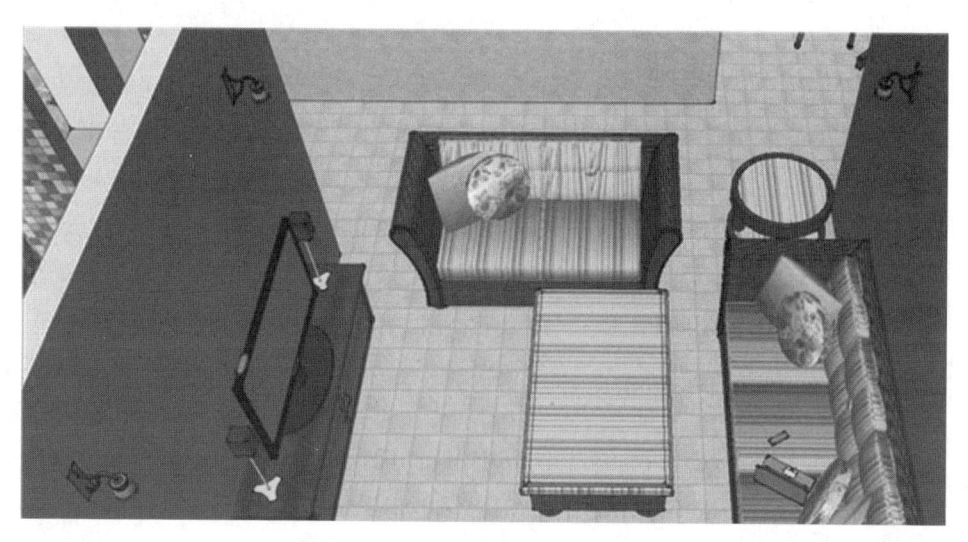

图7-3 由可见光通信实现的智能连接

图 7-2 最外侧两个圈能实现智能连接。可见光通信由周围环境照明系统启动，并且包括一系列发光装置（如发光二极管），可以由单个或多个开关控制，用于可见光为目标区域照明[15]。该技术仍然面临视线路径的开放性挑战以及需要解决开灯的问题，在不考虑上述条件的情况下，可以通过 Wi-Fi、智能蓝牙（低功耗蓝牙）或类似方式建立连接。引入可见光通信的优势是能够减少无线电频谱占用，在物联网连接和设备越来越多的情况下，无线电频谱是一个需要考虑的关键问题。文献[15]提供了如何将可见光通信与现有 Wi-Fi 和蜂窝网络基础设施集成的详细建议。

目前，大部分研究和标准化工作正在实现设备与设备间直接通信。Miracast 就是一个标准的案例，它允许移动设备发现并连接到另一个设备（如智能电视），以便将其屏幕的内容映射到电视以外的显示器上[16]。

实现以用户为中心的场景的智能连接在很大程度上取决于连接过程中各个级别的互操作能力。7.3 节分析关键的支撑技术，描述真正智能连接面临的开放式挑战。

7.3 支持技术和开放挑战

物联网概念是围绕执行以下几项主要独特行动的能力而设计：①传感；②数据收集；③数据传输/数据交换；④数据处理；⑤数据存储；⑥数据个性化。

通常来说，以上需要大量功能，这些功能通常将作为物理和逻辑实体在一个平台（如面向服务架构）中联合起来实现[17]。图 7-4 是面向服务平台的功能性示例，其体现了以用户为中心的物联网场景，并能够支持个性化电子健康应用。解决方案的有效性取决于是否满足由临床/医疗需求、社交交互、认知局限性、行为改变障碍、数据异质性、语义错位以及当前物联网系统的局限性等引起的大量约束条件。

7.3.1 平台系统功能要求

图 7-4 中的场景以两类终端用户为中心，即家庭中需要医疗护理的主要用户和照料这些主要用户的二级用户。服务和应用程序被个性化设计以满足主要用户的需求。通过采用面向服务的架构，实现了两类终端用户之间及终端用户

第7章　物联网应用的智能连接

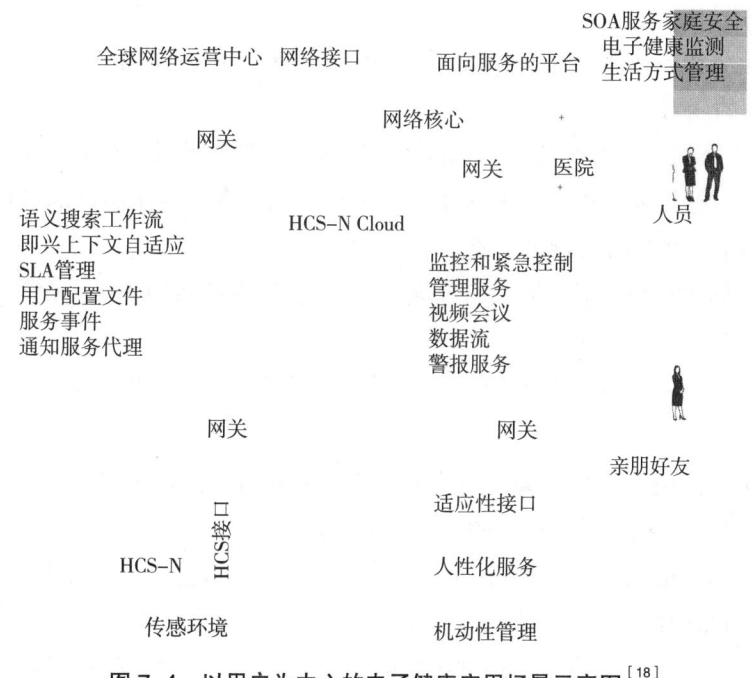

```
                                        SOA服务家庭安全
      全球网络运营中心  网络接口              电子健康监测
                              面向服务的平台   生活方式管理

                         网络核心
                                  网关     医院
           网关
                                                  人员
      语义搜索工作流    HCS-N Cloud
      即兴上下文自适应            监控和紧急控制
      SLA管理                    管理服务
      用户配置文件                视频会议
      服务事件                    数据流
      通知服务代理                警报服务

           网关                    网关
                                              亲朋好友
             HCS接口      适应性接口

      HCS-N              人性化服务

      传感环境            机动性管理
```

图7-4　以用户为中心的电子健康应用场景示意图[18]

和应用程序之间连接的公共平台。与该情景相关的主要研究环境是感知环境，这种环境使得从用户的身体和周围环境收集数据成为可能，经由网关这些数据被转发到云环境以进行进一步处理，从而提供个性化服务。我们需要创建一个具有模块化、自适应、不可见性、可靠性、能调动积极性、易于使用性等属性的系统。为实现这一目标，需要大量功能来满足以下必需的系统要求[19]。

（1）互操作性——与其他系统交互（如epSOS）。

（2）安全性——保护用户数据免受突然或意外窃取的能力。

（3）隐私——保护个人信息免受未授权方披露和共享的能力。

（4）上下文信息——提供上下文信息的能力，该上下文信息有利于根据用户的需求、偏好和情况调整服务。

（5）服务导向——系统确保服务和服务组件可重用性和可组合性的能力。

（6）语义互操作性——能够实现应用程序和服务之间的语义互操作性，以确保最高程度的解耦（启用开放系统并促进现有服务和应用程序的重新使用）。

（7）可维护性和可配置性——在部署后轻松维护和配置系统的能力。

（8）用户和数据分离——相关用户和网络设备支持创建伪标识符进行隐

私保护的能力。

（9）分布式决策能力——除用户的云环境外，可以在用户的家庭系统中做出决策的能力。

（10）匿名——关闭传感器和设备并管理传感器原始数据的删除能力。

此外，还需要一些特定的系统要求来满足已实现的技术组件的各种功能。下面给出了一些必需的特定系统要求的示例。

（1）周围环境参数监测——监测温度、空气质量和烟雾等关键周围环境参数的能力。

（2）监测用户的重要参数——监测（使用可穿戴传感器）体温和血压的能力。

（3）监控用户的相关重要参数——监控影响用户状态的重要参数的能力，如睡眠长度、睡眠质量和进行的身体活动量。

（4）推理能力——推理存储的用户行为并采取适当行动（如服用处方药的提醒）的能力。

（5）自适应 A/V 格式——支持音频和视频比特率适配以适应各种显示器设备的能力。

（6）远程可访问性——提供远程访问平台的能力。

（7）系统组件的识别、认证和授权——系统组件先识别、认证和授权想要使用组件的实体（人类用户和其他系统组件），之后允许实体访问资源。

（8）保密性——保持可识别数据机密性的能力（系统公开或管理信息的方式），包括对数据存储、处理和共享的控制。

（9）完整性——能够检测数据修改并防止未经授权的修改，尤其是与服务用户数据、传感器数据和发送到执行器的命令相关的修改。

（10）不可否认性——可以追溯到执行各个敏感资产操作的个人或系统组件。

（11）审核能力——系统记录敏感资产的所有操作，包括失败的访问尝试。

（12）同意规范——提供可用接口，让最终用户同意与服务器共享数据。

（13）通信能力——用于在分布式组件之间实现组件间基于消息（或基于事件）和呼叫的通信。

7.3.2 协议和接口

物联网平台成功的一个重要部分是详细定义接口要求，反过来，这些要求对于定义通信协议、协议格式和消息都非常重要。当前，实现设备和网络协议的连接性和互操作性是实现物联网场景的要点。协议对于实现大数据的增值以提供个性化服务至关重要。对于传统协议和新协议的支持，以及将这些协议置于互操作性保护下是很重要的。为此，国际电信联盟（ITU）[20]、欧洲电信标准化协会（ETSI）[21]和电信工业协会（TIA）等国际标准化机构付出了巨大努力[22]。协议互操作性和设备管理应该确保未来的设备可以轻松地符合任何平台的实现方案，这使已经开发的平台的反向兼容性成为可能。

对于图7-4中的场景，必须至少使用以下接口来构成合理的操作平台[19]。

● 感知环境与云之间的接口。该接口便于家庭环境传感器汇集的信息向云中间件的通信和信息分布，以及从云中间件向感知环境发布控制和配置数据。

● 利用云中间组件（即数据管理器和云数据库）与平台服务［即配置文件服务器、智能决策支持系统（Intelligent Decision Support System，IDSS）和通知管理器］之间信息交换的接口。这是云环境组件之间的内部云接口，这个接口支持高级数据格式的分布和交换。

● 促进云中间件实体（如数据管理器和云数据库）与服务程序块之间低级数据（即原始传感器数据）和高级数据（即处理过的数据）交换的接口。

● 云环境与外部源之间的接口。该接口提供云组件（如数据管理器和数据融合器）与外部系统之间的双向信息数据交换，支持数据报方式和数据流通信。

● 促进平台服务（如IDSS和通知管理器）与已处理过的数据表现的服务程序块之间的高级数据交换的接口，以及平台服务与以语义元数据形式表现的应用程序之间的高级数据交换的接口（即IDSS和生活方式的决策、警报和提醒）。

● 服务程序块和应用程序之间的通信接口，将特定的聚合元数据信息从服务程序块分发到以用户为中心的应用程序。

7.3.3 低功耗物联网设计

物联网平台运营成功的一个关键先决条件是平台设计的功耗和能源效率，这将直接影响整体应用程序的性能，比如延迟。一方面，低功耗物联网设计需要新颖的电池解决方案（如太阳能）；另一方面，在现实网络条件下，物联网平台解决方案需要进行端到端测试，并基于一个允许非常精确的功率和电流测量的测试解决方案。

图 7-4 中感知环境逻辑部署的案例实现如图 7-5 所示。

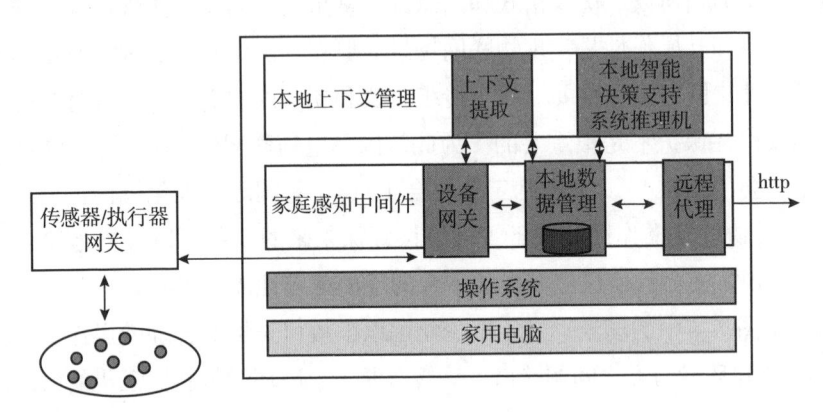

图 7-5　实现感知环境逻辑部署示意图

家中分布有一组物理传感设备与一个专用设备，该专用设备是从传感器收集信号的网关。一组软件组件被分布在公共运行环境中，用于收集、处理、存储和传输传感器数据。成功的组件通信将在很大程度上取决于信令和所选硬件组件的能效。必须注意的是，从感知环境收集的大部分数据需要实时或近实时处理，这些处理可能会较为耗电。因此，需要选择适当的处理设备（如图 7-4 中的网关）。需要考虑的另一个问题是，物联网系统成功的条件是具有开放性，而非依赖于专有技术。因此，端到端的节能和低功耗设计必须考虑到位。

7.3.4　无干扰智能连接

物联网的智能连接，可以不受人工干预，就能收集数据并传输到云。物联网智能连接的推动力在于大多数设备将在未经许可的频段运行，并具备所谓的"认知"能力来利用可用频谱。当前的物联网连接标准包括蓝牙、Wi-Fi、紫蜂和 USB 等通信协议，允许部署现成的和极低成本组件的物联网场景，这些组件日益小型化。然而，物联网设备与人类之间的连接和感知（这也是以用户为中心的概念核心）仍然是一个挑战，实现可靠的物联网连接的开放式研究问题主要集中在射频干扰减轻技术、高能效短程通信技术、考虑人体介质特定的新信道模型及其对无线电传输的影响等。在基于可植入设备的

S-BAN 连接的背景下，目前的研究已经在聚集超宽带（UWB）信道以及与人体组织介质特性相关的干扰问题[23, 24]。

在与物联网场景相关的超密集连接环境中，无线干扰会严重降低服务性能并危及正常的服务提供，在以用户为中心的场景中，如电子健康、智能电网、智能汽车等，这种影响可能是生死攸关的。在智能家居场景中，即使是日常家用电器（如微波炉）也可能造成源干扰。在本章前面部分，我们提到了在周围环境场景中无缝结合射频和非射频（如可见光通信和毫米波）技术的研究趋势。这种趋势是为了适应数目不断增长的连接和设备。此外，研究与标准化应紧密结合，以便成功地将任何此类新解决方案与现有解决方案和基础设施集成。

在以用户为中心的智能连接环境中，部署设备和连接的认证是实现用户友好和安全解决方案的关键先决条件之一。

7.4 环境辅助生活中的智能互联

图 7-6 展示了带有复杂信号环境的超密集智能连接的场景。为了能够在各种环境和子场景中为用户提供数字服务，即智能家居、智能汽车、智能电网和智能城市，各种无线技术必须无干扰共存。此外，这些服务大部分是个性化的。

在图 7-6 的场景中，主要目标是实现快速、可靠和安全的连接。覆盖预测、定位和本地化等技术是协助规划和优化无线网络的有力工具[25]。典型的干扰分析将使用信号强度、接收信号强度指示和信号 ID、干扰映射等参数来检测异常，并且已经提出诸如自组织之类的技术来重新组织无线节点以实现无缝连接[26]。

图 7-6 场景的特征在于动态连通，该动态连通必须在各种无线信道和网络下启用，以满足不同的通信目的，并且可能在相同的时间段内发生。图 7-6 场景的智能连接将意味着自动管理、识别以及使用大量异构实体和虚拟对象（如物理和虚拟表示）的能力，这些可能位于不同位置的能力是通过因特网实现的。许多数据是从传感器生成和收集后传输到专用存储区域的。雾计算允许处理和存储触发警报和需要快速响应的类似应用所需的实时传感数据，而其余的元数据流可以在云中处理。图 7-6 中的连接提供的应用可能涉及不需要人机交互的控制和监视功能，这进一步提高了安全性、隐私性和可靠性。

此外，大部分已经建立的连接将是自主的，它们的形成将基于由用户需

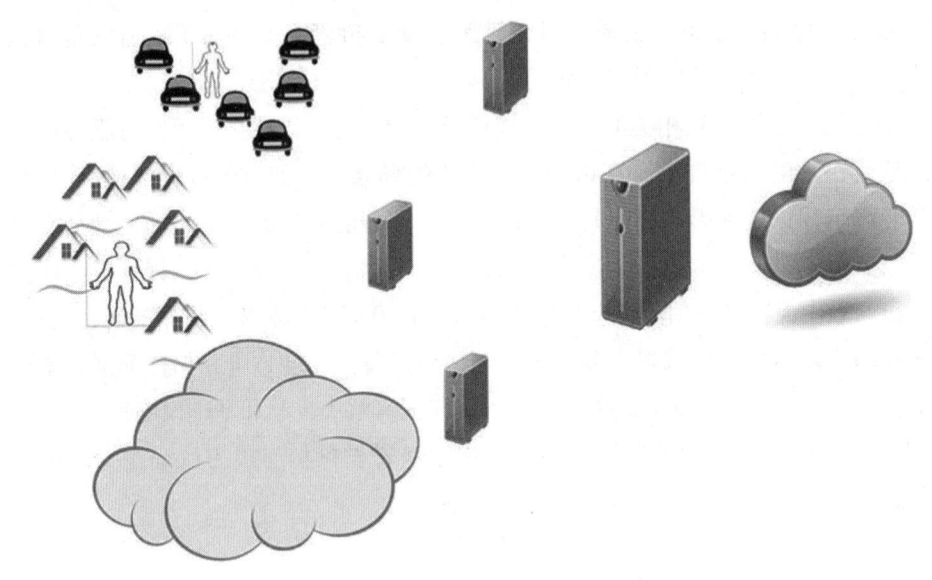

图 7-6　以用户为中心的智能连接场景

求确定的本地决策。因为建立的大多数连接用于提供以用户为中心的应用程序，所以智能连接必须响应以用户为中心的需求。

在图 7-6 场景中，生成的数据量在大多数情况下是以用户为中心的。近年来大数据分析开始成为一种强大的工具，能够有效地处理各种信息，同时也是优化连接和支持可靠性的一种方式。大数据分析包括以用户为中心的信息数据聚合、处理和存储。同时，大数据分析也更加深刻地揭示了潜在违规行为产生的社会和经济影响，以及如何充分保护这些数据带来的研究挑战等。

7.5　结论

本章探讨了智能连接的概念，这一概念基于物联网应用程序环境并以用户为中心。智能连接是在极为复杂的场景下提供以用户为中心（个性化）的应用程序的能力。

为了应对许多开放的挑战，我们需要建立智能连接网络模型的新方法，以及实现智能连接场景的开放和可互操作的解决方案。如果数据被泄露，对个人用户和社会都会产生严重影响，因此安全、隐私和信任的重要性提升到了一个新维度。

研究应与标准化活动同步进行，以得出对智能连接部署至关重要的、可靠的、可互操作的解决方案。为了确保用户的安全，对产品的认证也是必不可少的。

参考文献

[1] F. Sadr, Ambient intelligence: a survey. ACM Comput. Surv. 43(4), 36:1–36:66 (2011)

[2] D. Cook, J. Augusto, V. Jakkula, Ambient intelligence: technologies, applications, and opportunities. Perv. Mobile Comput. 5(4), 277–298 (2009)

[3] S. Kyriazakos, M. Mihaylov, B. Anggorojati, A. Mihovska, R. Craciunescu, O. Fratu, R. Prasad, eWall: an intelligent caring home environment offering personalized contextaware applications based on advanced sensing. Springer J. Wireless Pers. Commun. 87(3), 1093–1111 (2016)

[4] N. Zaric, A. Mihovska, M. Pejanovic-Djurisic, Ambient assisted living systems in the context of human centric sensing and IoT concept, in *2016 Proceedings of IEEE PIMRC, September 2016*, Valencia, Spain

[5] A. Mihovska, S. Kyriazakos, R. Prasad, eWall for active long living: assistive ICT services for chronically Ill and elderly citizens, in *2014 IEEE International Conference on Proceedings of Systems, Man and Cybernetics (SMC)*. (IEEE Press, 2014) pp. 2204–22 09

[6] National ICT Australia Report. Chapter 2: What is smart infrastructure? http://www.aph.gov. au Accessed 2017

[7] A. Mihovska, R. Prasad, M. Pejanovic-Djurisic, Chapter 5: human centric IoT networks. in *Human Bond Communications*, ed by S. Dixit (Wiley, 2017)

[8] ETSI Smart-BAN, Draft V0.1.0 (2015–10). Measurements and modelling of SmartBAN RF environment. Technical Report, ETSI online (2015)

[9] P.V. Patel et al., Channel modelling based on statistical analysis for brain–computer-interface (BCI) applications, in *Proceedings of IEEE INFOCOM*, San Francisco, CA, April 2016

[10] D.B. Smith, L.W. Hanlen, Channel modeling for wireless body area networks, in *Ultra-Low-Power Short-Range Radios, Integrated Circuits and Systems*, ed. by P.P. Mercier, A.P. Chandrakasan (Springer International Publishing, Switzerland, 2015). doi:10.1007/978-3-319-14714-7_2

[11] J. Wang, Q. Wang, *Body Area Communications: Channel Modeling, Communication Systems, and EMC* (Wiley-IEEE Press, 2012). ISBN: 978-1-118-18848-4

[12] R. Craciunescu, A. Mihovska, et al., Implementation of fog computing for reliable e-health applications, in *Proceedings of IEEE ASILOMAR 2015*, November 8–12, 2015, Pacific Grove, CA, USA

[13] A. Mihovska, et al., eWALL innovation for smart e-Health monitoring devices, in *Wearable Technologies and Wireless Body Sensor Networks for Healthcare*, ed. by F.J. Velez, F. Derogarian (IET Publishers, 2017)

[14] R. Kreifeldt, Smart connectivity. Harmann Innovation Hub, http://harmaninnovation.com/blog/smart-connectivity/. Accessed Jan 2017

[15] A. Kumar, A. Mihovska, S. Kyriazakos, R. Prasad, Visible light communications (VLC) for ambient assisted living. Springer Int. J. Wireless Pers. Commun. 78(3), 1699–1717 (2014)

[16] Wi-Fi Certified Miracast, http://www.wi-fi.org/ja/discover-wi-fi/wi-fi-certified-miracast

[17] Service-oriented platforms

[18] EU-funded ICT project eWALL for Active Long Living (eWALL), http://ewallproject.eu

[19] EU-funded ICT project eWALL for Active Long Living (eWALL), D2.7. Final user and system requirements and architecture. February 2015, http://ewallproject.eu

[20] International telecommunication Union (ITU), url://itu-t.int

[21] European Telecommunication Standardization Institute (ETSI), http://etsi.org

[22] Telecommunication Industry Association (TIA), http://tiaonline.org

[23] P.V. Patel, M. Sarkar, et al., Channel modelling based on statistical analysis for brain-computer-interface (BCI) applications, in *Proceedings of IEEE INFOCOM*, April 2016, San Francisco, CA, USA

[24] ETSI Smart-BAN, Draft V0.1.0 (2015–10), Measurements and modelling of smartBAN RF environment. Technical Report (2015)

[25] A. Kumar, A. Mihovska, R. Prasad, Spectrum sensing in relation to distributed antenna system for coverage predictions. Springer Int. J. Wireless Pers. Commun. 76(3), 549–568 (2014)

[26] P. Semov, V. Poulkov, A. Mihovska, R. Prasad, Self-resource allocation and scheduling challenges for heterogeneous networks deployment. Springer J. Wireless Pers. Commun. 87 (3), 759–777 (2016)

第 8 章
物联网中基于区块链的数据分析存储系统

徐全清，钦米米昂，朱永庆，凯梁勇

摘要： 无须中央机构参与，区块链就能轻松实现交易管理。存储在区块链上的智能合约处于自动执行状态，不受任何人控制，因而可以完全信任。此外，处理器和内存技术的不断改进也使得物联网设备的处理能力更强、存储空间更大，从而能执行用户定义的程序，如智能合约。将应用程序的部分任务转移到物联网设备上，能减少借助物联网网络传输的数据量。大型存储系统的并行性特征可减少许多基础数据分析任务的执行时间。区块链作为智能合约，将促进和加强物联网中的合约协商。本章介绍了一种基于区块链技术的存储系统，名为蓝宝石（Sapphire），该存储系统可应用于物联网中的数据分析应用。所有来自物联网设备的数据都用于形成具备身份证明（IDs）、属性、策略和方法的对象。基于此，我们提出了一种基于对象存储设备的智能合约，该方法作为一种事务协议应用于蓝宝石中，使物联网设备可以与这种区块链交互。在数据分析应用程序中，物联网设备处理器用于执行特定程序的操作。这样做可以只将处理结果返回给客户端，而不是它们所读取的数据文件。因此，蓝宝石系统极大降低了物联网数据分析的成本。

8.1 绪论

物联网是一种通过传感器、照相机、智能手机和射频识别阅读器等大量设备将许多对象连接到互联网中的网络。物联网中所有常见的物理对象都有一个 IP 地址或者统一资源标识符，它们之间可以通过 IP 地址或统一资源标识符进行信息交换，最终实现智能管理和目标识别。物联网设备（或物品）通过物联网网络可随时随地无缝地接入虚拟世界。随着个人智能设备不断增多，到 2025 年物联网在全球带来的经济影响可能高达 3.9 万亿至 11.1 万亿美元[1,2]。物联网数据来自大量不同的设备，连接了数百亿个终端，因此我们必须为如此巨大的数据量构建一个可扩展的分布式存储系统。

近年来，物联网受到了学术界和产业界的广泛关注，它的基本理念是通过将事物集成于互联网中从而向用户提供多种服务[3]。智能家居[4,5]、智能电网[6]和智能建筑[7]等都是物联网中典型的杀手级应用。正如我们所了解到的，物联网设备越多，使用区块链技术[8]管理未指定设备和流程的可能性就越大，包括设备间的通信和交互。因为无须通过中央机构，区块链技术确保了数据的安全性和可靠性。物联网设备间的交互以智能合约[9]的形式记录在区块链中，自动执行的特点极大地提高了交易效率。比如，不论此前这笔交易和结算与其他相关物联网设备之间是怎样的关系，都能自动完成。在这种新兴的智能合约系统中，没有中央第三方的介入，即使是互不信任的物联网设备之间也能安全地进行交互。无论是违约还是合约终止，去中心化的区块链技术[10]都能确保物联网设备获得相应的补偿。比如，在以太坊（Ethereum）这个图灵完备的去中心化智能合约系统中[11]，以太虚拟机能够以智能合约的形式执行代码。有许多公司和组织一直以来都在通过以太坊构建智能合约应用程序。

数据驱动型应用程序的快速增长改变了分布式存储系统的本质。在以对象为基础的存储（或对象存储）系统中，每个对象都具有唯一特有的对象标识符（Object Identifier，OID）[12]，因而服务器/客户端可以在对象物理位置未知的情况下将其获取并都存储在同一个平面地址空间中。基于对象的存储设备在为对象分配空间后，负责管理低阶空间函数。上层应用程序和用户通过应用程序编程接口与对象连接。因此，在设计分布式存储系统时，我们着重考虑的要素越来越趋向于容量而不是性能。鉴于数据分布和分层的至关重要性，在数据处理的各个阶段和任何维度上，分析型应用程序都是必要且十分常见的。应用程序主要依赖于低价且易于创建的半结构化或非结构化数据。因此，数据管理和分析的价值推动了存储系统中数据保存需求的增长。为了满足数据存储需求的爆炸式增长，我们需要去除传统存储系统架构中的低效率层，并为扩展应用程序需求提出新的优化方法。

本章介绍了一种基于区块链的名为蓝宝石分布式存储系统。作为传感器网络的新发展成果[13, 14]，此系统可应用于物联网中大规模的数据分析应用程序，同时还支持多种数据密集型应用程序。本章描述了基于区块链的大规模存储系统，以及基于存储系统的数据分析。我们还提出了一种基于对象存储设备的智能合约，并将其作为交互协议，在蓝宝石中物联网设备可以与这种区块链进行交互。我们开发的基于区块链的存储和处理技术，使对象存储设备不仅可以存储数据，而且能够利用嵌入式处理器进行数据处理。在驱动中直接进行数据处理可以避免冗余数据跨存储总线和网络传输，设备性能得到极大的提升。

本章的其余内容如下：8.2 节介绍背景和动机；8.3 节描述蓝宝石的系统架构；8.4 节提出位置和类型敏感的散列机制及动态负载均衡方法；8.5 节提出基于对象存储设备的智能合约机制；8.6 节介绍物联网数据分析；8.7 节对本章进行总结。

8.2 背景和动机

在某些诸如物联网存储、社交网络服务和云储存之类的应用中，对象存储在大规模半结构化或非结构化数据集中的性能优于在存储区域网络（Storage Area Network，SAN）和网络连接式存储（Network-Attached Storage，NAS）[15]中的性能。

8.2.1 对象存储

自从我们可以在地理上扩展基于对象的存储设备之后，对象存储便可以轻松支持数据的爆炸式增长。通过多存储节点分发数据副本可以加大数据保护力度。对象存储能对来自物联网的大规模半结构化或非结构化数据集进行有效管理，是一种极具吸引力的解决方案。如图 8-1（a）所示，文件对象由对象 ID、数据、包含元数据在内的属性、策略（如复制）和方法（如加密/解密）以及用户/应用程序定义的功能组成。如图 8-1（b）所示，每个对象在对象映射中都有唯一的 ID 和路径名。对象存储可用于物联网数据存档，并且适用于多种设备，如传感器、相机和智能手机数据等，普适性较高。对象存储系统通过用户对数据进行正确区分，从而释放存储空间。

（a）文件对象　　　　　　　（b）对象映射

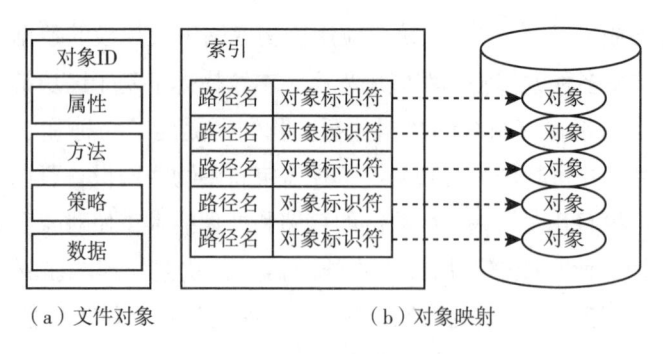

图 8-1　对象存储示意图

8.2.2　物联网的需求

物联网能让最有效率和实际效果的堆栈在系统、界面、协议和设备等方面对分布式应用程序进行优化。此外，物联网还使基于对象的分布式应用程序能直接进行存储，并为扩展分布式系统提供支持。通过这种方式，物联网在性能和总体拥有成本方面取得显著成果。物联网数据来源于大量不同的设备，这些设备可产生数十亿数据对象，而相机、智能手机、传感器和射频识别阅读器等各种感知设备将对数据进行采样。可是，来源于不同设备的物联网数据结构和语义各不相同。物联网中的感知设备会自动持续不断地采集信息，从而导致数据规模的爆炸式增长。此外，物联网应用程序常常与大量传感器相结合，可同时对湿度、光照、压力和温度等多种指标进行监控，因此采样数据通常是多维的。与传统的互联网数据不同，物联网数据本身就具有两个属性——时间和空间，用于描述对象位置的动态变化。尽管当前大多数物联网应用都是孤立的，但物联网网络最终必须实现数据共享，以促进不同物联网应用程序之间的协作。

8.2.3　智能合约

区块链技术具有去中心化的特点，很多公司和组织将其作为一种重组中心化网络的手段并加以广泛应用。作为一个只读分布式数据库，区块链上存储数据的交互只是一系列按照时间顺序排列的记录。交互分组进入不同的块中并在去中心化的网络中形成加密散列链。大约在 20 年前，可编程电子智能合约作为一种概念性想法被提出[16]。智能合约在本质上是一种建立在区块链协议上的自动化计算机程序，在区块链的基础上通过通用计算得以实现。因此，智能合约包括合约安排、合约实际执行和合约义务所需先决条件的管理。以太坊是第一个引入图灵完备脚本语言、支持智能合约的区块链,也是最活跃、最具代表性的区块链智能合约[11]。智能合约没有外部可信任权限,而是由相互不信任的节点正确执行的软件程序,在去中心化的网络中用于操纵和转移具有重要价值的资产。该程序除能正确执行外,还能抵御以篡改或窃取资产为目的的攻击,相对安全。为了检测漏洞,Oyente 从合约的以太坊虚拟机字节码中提取并执行控制流程图[17]。

8.2.4 物联网数据分析

王等人提出的 DRAW[①] 主要包括 3 个部分:①用于检查数据访问模式的数据访问历史视图;②用于组织相关数据的数据分组矩阵;③用于生成最终数据布局的最佳数据部署方法[18]。里德尔(Riedel)等人提出了一种主动存储系统,在该系统中一系列数据分析活动可由活动磁盘驱动器完成,如过滤和批量处理[19]。阿查亚(Acharya)等人提出了主动存储的概念,并在活动磁盘中进行评估[20]。主动存储利用了驱动器中的额外处理能力,并探索了一种基于流的编程模型,使应用程序代码能在驱动器上执行。基顿(Keeton)等人提出了针对决策支持数据库服务器的智能磁盘[21]。休斯顿(Huston)等人提出了在交互式搜索中预丢弃的概念,即通过使用 Searchlet 过滤大量未编制索引的数据[22]。主动存储概念出现于并行文件系统的背景下,主要利用了存储节点,或者用于数据传输和磁盘管理的主机计算能力[23]。因此,主动存储非常适用于物联网数据分析。

8.3 蓝宝石系统

本节我们将介绍一种名为蓝宝石的大规模存储系统及其架构。它以区块链为基础,应用于物联网的数据分析中。

8.3.1 区域划分

依照系统要求,以递归的方式将物联网网络覆盖的区域 R 划分为多个子区域[24]。第一步,根据经度将区域 R 平分为两个子区域(R_e 和 R_w),这两部

---

① 一种可识别数据分组的数据部署方案。——译者注

分分别用 1 和 0 的数字组合进行表示；第二步，根据纬度再分别将 R_e 和 R_w 平分成两个子区域（R_n 和 R_s），R_n 和 R_s 也分别用 1 和 0 的数字组合进行表示。图 8-2 展示了上述递归处理过程，直到子区域在经度和纬度上的差异都小于给定的阈值 LO 和 LA，区域划分结束。因此，整个区域 R 被划分为多个地理子区域，从而形成网络拓扑。每个子区域都用唯一的 ID 表示，并且每个设备都能使用该嵌入式服务，以便在整个物联网网络中保存所有子区域的位置信息。

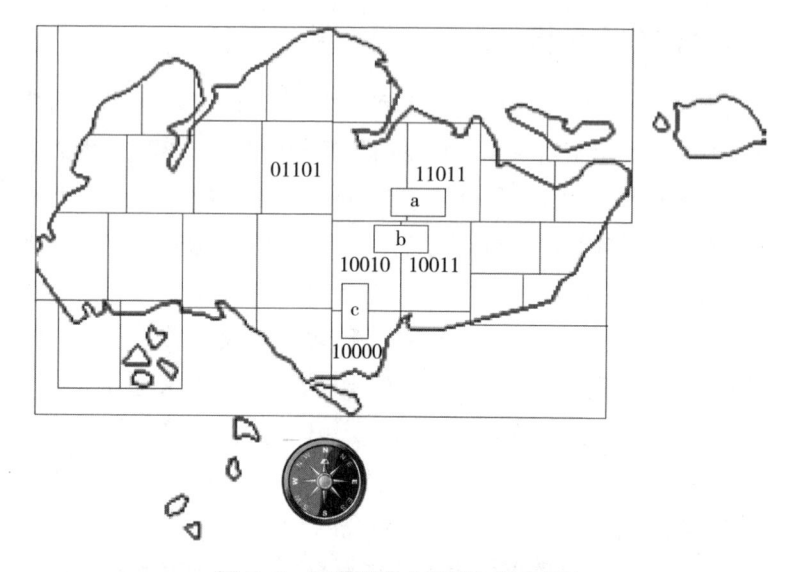

图 8-2 区域划分（以新加坡为例）

［案例 a 的大部分建筑都在 R（如 11011）区域，这个建筑属于 R，案例 b 有一半的建筑位于 R_e 和 R_w，这个建筑属于 R_w（如 10010），案例 c 有一半的建筑位于 R_s 和 R_n，这个建筑属于 R_n（如 10000）］

因为从设备到子区域的映射为代理服务器和所有物联网设备所知，于是，我们提出了对象分层命名空间。对象分层命名空间中的文件夹形成了一个包含多个层级的树结构。在前 3 个层级中共有 3 个空间属性（区域、建筑和设备），而最后两个层级中共有两个时间属性（年和月）。图 8-3 展示的是由闭路电视摄像机所拍摄，在 2016 年 6 月生成的所有视频文件。该架构可用于分布式文件系统，如 Hadoop 分布式文件系统（HDFS）[25]。

8.3.2 物联网设备分类

在蓝宝石系统中，物联网设备可根据他们的计算能力和存储空间分为 3

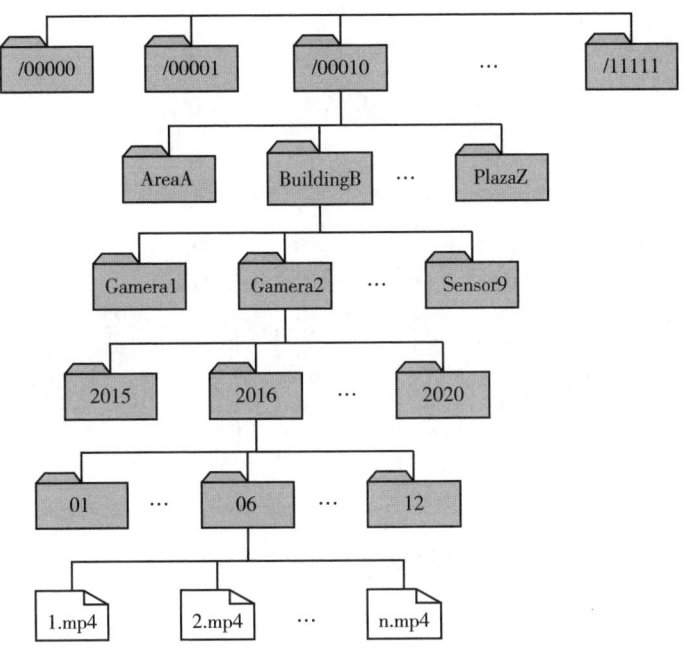

图8-3 对象分层命名空间

种类型：超级节点、常规节点和轻型节点，类似于对等网络（P2P）系统[26]。超级节点计算能力强，存储空间大，能管理和存储区块链的完整副本。它们能托管市场，是由公司或组织可自行拥有并部署的服务器，用以提供基于区块链的数据分析服务并完成复杂的查询。超级节点是蓝宝石系统的核心。实际上，只要能使服务供需平衡，它们就能在物联网网络中的设备之间发挥智能合约的作用。常规节点是指具有常规的处理能力和存储空间的普通物联网设备，通常根据它们各自的功能来满足区块链要求，并支持轻型节点。由于芯片成本下降，可归入常规节点类型的智能对象越来越多。轻型节点资源少，尽管可以用来传递消息、传输和按路径发送信息，但不能管理区块链，因此它们需要从其他可信任的节点（如超级节点和常规节点）中获取基于区块链的智能合约。

8.3.3 系统架构

如图8-4所示，物联网数据来自智能城市[27]、智能建筑[7]、智能电网[28]和智能家居[4,5]，我们通常将数据分为两类：①文本数据；②通过数据分类器得来的媒体数据。这两类数据通过自定义的流程模块存储在基于区块链的艾

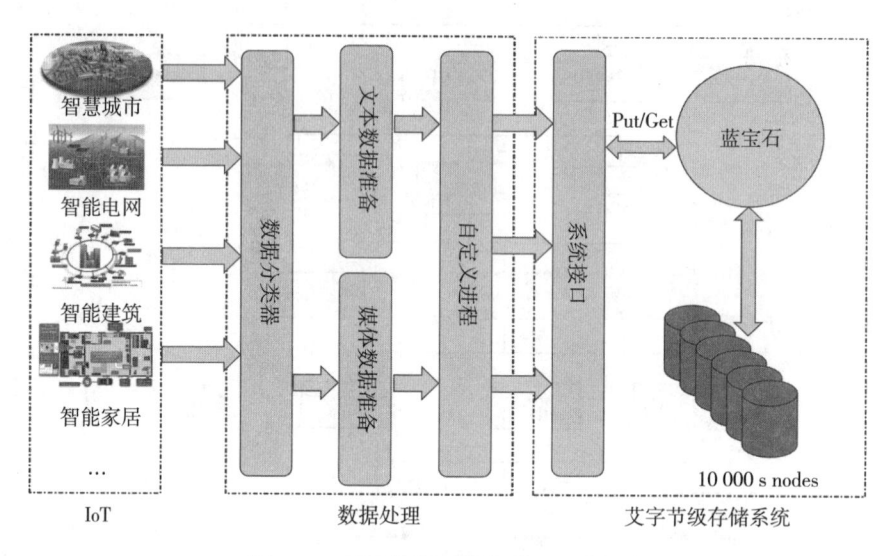

图 8-4　基于蓝宝石的物联网系统架构

字节（Exabyte，EB）级存储系统中。在蓝宝石系统中，每个物联网设备都可以看作一个对象存储设备。蓝宝石通过 Put/Get 应用程序编程接口连接系统接口模块。如图 8-5 所示，在蓝宝石这个艾字节级存储系统中，基于散列的映射机制将密钥地址空间均匀划分为虚拟节点。用虚拟节点来提升负载均衡时，它们不仅能随着数据的增长而扩展[29]，还能使缓存和再分配之间的协同更容易[30]。越来越多的物理对象存储设备（节点）可能会连入/断开，所以当向外/内扩展时，它们的虚拟节点能无缝接入或断开。利用多个数据副本可以解决存储节点故障的容错问题。

在蓝宝石系统中，因为对象标识符不是均匀分布的，所以通过为每个对象存储设备分配更多的虚拟节点可以获得更好的命名空间位置和负载均衡。从空间的角度来看，这并不是一个大问题，因为数据结构的成本通常不高。但是，我们必须考虑网络带宽引起的更重要的问题。也就是说，为了保持网络连通性，每个节点通常要与其相邻节点保持联系，确保它们处于活跃状态，如果相邻节点不再活跃，则需要用新节点予以替换。因为每个超级节点中运行着多个虚拟节点，所以网络流量将会倍增。然而，由于超级节点位于带宽充足的数据中心，因而这也不算是个严重的问题。与此同时，我们提出了一种线性一致性方案来确保此前工作中对象存储设备之间的副本完全一致[31]。

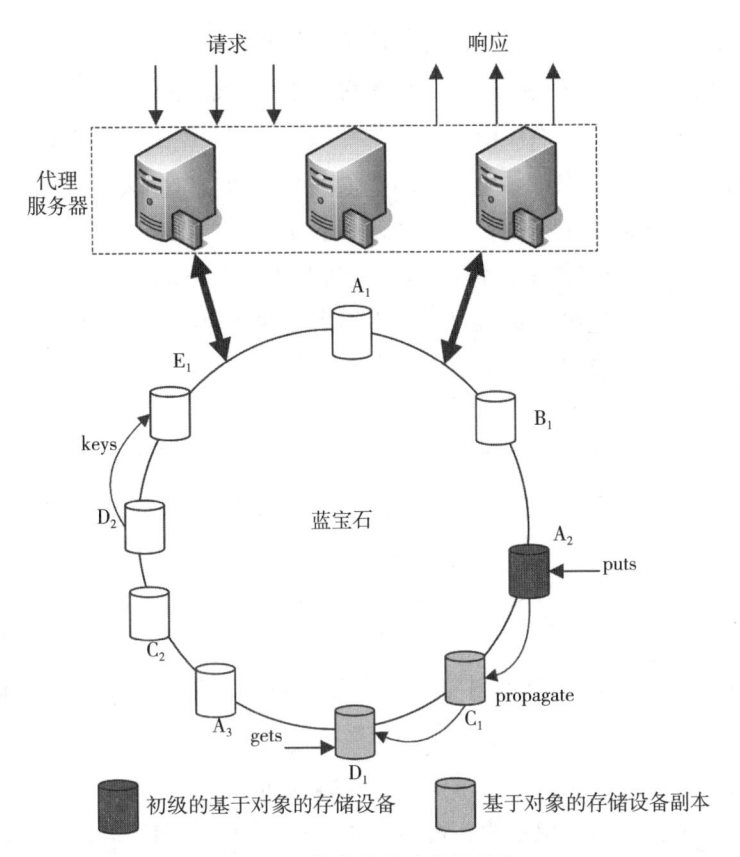

图 8-5 蓝宝石系统体系结构

（超级节点 A 有 3 个虚拟节点，普通节点 C 和 D 有 2 个虚拟节点，小型节点 B 和 E 分别有 1 个虚拟节点）

8.4 动态负载均衡

本节我们提出了一种位置和类型敏感的散列机制，以便在物联网中更好地进行数据分析。由于存在位置和类型敏感的散列机制，存储负载将不均衡，为了解决这一问题，我们提出了一种动态负载均衡的方法。

8.4.1 位置和类型敏感的散列机制

如图 8-6 所示，在位置和类型敏感（LTS）的散列机制中，大小固定的密钥直接用路径名表示，每个查询信息都包含一个 64 字节的密钥。在不修改既定路由机制的情况下，为了控制通信成本，我们用位置、类型和路径名 3 个字段进行编码，形成了紧凑型密钥。首先对位置字段进行编码，以便将位于相同位置的文件放在一起。然后前两个字段（如位置和类型）分别用 4 个字节进行编码。在第三个字段中，每个目录用 2 个字节编码。每个文件名用最后 4 个字节编码，因此从理论上来说，每个目录代表了 2^{32} 个文件。最终，64 字节的密钥可应用到 10^{18} 个文件中，包括许多存储量达艾字节的文件，因此可充分满足物联网的要求。这种密钥编码机制不仅为文件计数和密钥大小之间提供了平衡，而且也可以对新目录和文件进行命名。

位置	类型	2	…	2	保留	文件ID
4字节	4字节	|———— 20 路径级别，40字节 ————|	12字节	4字节

图 8-6　位置和类型敏感的散列机制

如果把文件移动到别的目录下，文件的密钥将通过密钥编码机制快速更改，呈现新的路径。此外，对相关的元数据对象进行分组，以便将全部文件系统按序保存，如把位于相同目录中的文件编入同一组内。由于位置和类型敏感的散列机制的存在，对象密钥在密钥空间中不再均匀分布。如图 8-7 所示，会引进存储负载不均衡。相关对象存储设备负责保证文件密钥空间在蓝宝石系统中所占空间大致相同。但是，负载均衡要求对每个对象存储设备必须提供的最大存储空间和在最坏情况下因故障导致的数据再生成本进行限制。

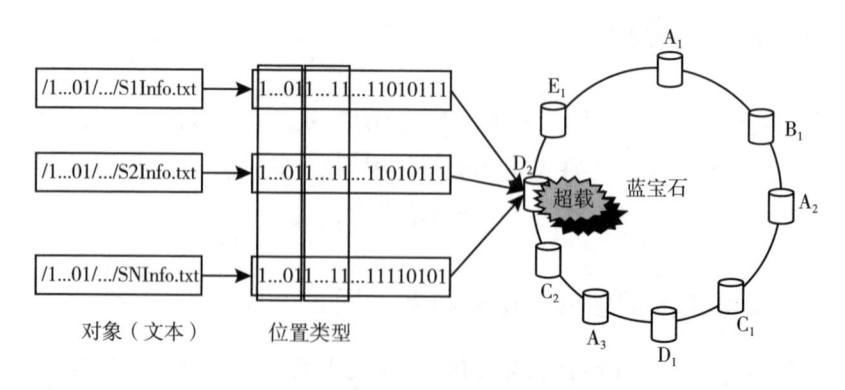

图 8-7　位置和类型敏感的散列机制引起的负载失衡

8.4.2 动态负载均衡

因为存在位置和类型敏感的散列机制,会引起存储负载不均衡。每个物联网设备可以定期与蓝宝石中的相邻设备进行联系。当物联网设备 d_i 的存储负载 L_i 满足 $1/t < L_i/\bar{L} < t$($t<2$)时,我们判定其负载均衡,其中 $\bar{L}$ 是整个蓝宝石系统的平均存储负载。如果最小存储负载超过最大存储负载的 $1/t^2$,则蓝宝石系统处于负载均衡状态。假设有一组数量为 m 的物联网设备 $D = \{d_i, i = 1, \cdots, m\}$,来自这些设备的 n 个虚拟节点 $V = \{v_j, j = 1, \cdots, n\}$,每个虚拟节点 v_j 都有权重 w_j,每个设备 d_i 都有剩余容量(权重)w_i。w_j 表示的是密钥范围内 v_j 保存的文件数量,w_i 表示的是设备 d_i 中现有权重和平均存储负载 $\overline{W}$ 之间的差值。这个问题可以理解为多重背包问题。换句话说,它决定了以何种方式在浪费空间最小的情况下将 n 个虚拟节点再分配给 m 个物联网设备。计算方法如下:

$$minimize \; z = \sum_{i=1}^{m} s_i \quad (8\text{-}1a)$$

$$\text{s.t.} \quad \sum_{j=1}^{n} w_j x_{ij} + s_i = W_i y_i, i \in M = \{1, \cdots, m\} \quad (8\text{-}1b)$$

$$\sum_{i=1}^{m} x_{ij} = 1, j \in N = \{1, \cdots, n\} \quad (8\text{-}1c)$$

$$x_{ij} \in \{0,1\}, y_i \in \{0,1\}, i \in M, j \in N \quad (8\text{-}1d)$$

$$w_j x_{ij} = \sum_{k=1}^{L} o_{jk}, i \in M, j \in N \quad (8\text{-}1e)$$

在此

$$s_i = \text{space left in IoT device } i$$

$$x_{ij} = \begin{cases} 1 & \text{if } v_j \text{ is reassigned to IoT device } i \\ 0 & \text{otherwise} \end{cases}$$

$$y_i = \begin{cases} 1 & \text{if IoT device } i \text{ is used} \\ 0 & \text{otherwise} \end{cases}$$

$$o_{jk} = \text{the } k\text{th object's storage size in } v_j$$

约束(8-1b)确保分配给每个物联网设备的文件总数小于物联网设备

容量。约束（8-1c）确保每个虚拟节点仅分配给唯一的物联网设备。约束（8-1d）表明它是一个 0—1 的背包问题[32]。约束（8-1e）意思是有 1 个大小不同的对象，其中 o_{jk} 是第 k 个对象在 v_j 中的存储大小。蓝宝石系统与 DROP[33] 不同体现在：蓝宝石系统存储的对象大小不同，而 DROP 存储的元数据项大小是固定的。

8.4.3 流量控制

我们已经证明了文献［33］中的动态负载均衡的方法是收敛型的。对象在负载均衡过程中可能会经过多次移动。蓝宝石通过使用指针使迁移成本达到最小。如果物联网设备保持指针固定不动的时间超过其稳定时间，该设备就会通过指针检索对象。在均衡存储负载时，探查指针会暂时对数据局部性造成损害。除了能降低负载均衡的成本，指针还能在目标物联网设备被完全占用时成功写入。此外，它还能将对象从负载过重的设备中转移到负载较轻的设备中。但是，在均衡存储负载时，被完全占用的物联网设备最终会减少一些负载，暂时产生额外的间接层。例如，我们假定设备 A 负载过重，设备 B 将拿走设备 A 的一些虚拟节点，以减轻 A 的存储负载。同时设备 A 也必须将它的一些对象转移给 B。当 B 从 A 获得一些虚拟节点时，A 不会立刻将它的对象转移给 B，但 B 将保持指针指向 A。然后 B 将指针转移给 C，C 最后检索来源于 A 的实际数据并移除指针。

8.5 物联网设备中基于对象存储设备的智能合约

在这一部分中，我们提出了基于对象存储设备的智能合约机制，在蓝宝石系统中作为交互协议，物联网设备可与此类区块链进行交互。

8.5.1 物联网设备协调

在去中心化的物联网解决方案中，自主设备需要相互协调。因为没有中央第三方的存在，这种去中心化的物联网解决方案授予了物联网设备所有者更大的权力，他们可以通过合约规则定义物联网设备之间的交互方式。去中心化的物联网解决方案认为，不同的物联网设备之间信任程度不同，这取决于物理接近度和互操作性所带来的限制。通过这种方式，物联网设备能够参与到自主性交互之中，并且组织到去中心化的网络中。为了实现这一目标，物联网设备配备了智能合约机制[34]，以便与其他物联网设备签订合约协议。除区块链协议提供的安全性之外，智能合约中的操作性安全也至关重要。在庞大的去中心化物联网网络中，包含许多自动运行的设备，但这些设备是不可信的，有些甚至含有恶意软件或程序。蓝宝石系统需要自我组织并实现基于一致性的自主协调，以抵御路由或分布式拒绝服务攻击。在蓝宝石系统中，超级节点常用于保证操作的安全性。

8.5.2 智能合约

智能合约执行记录在区块链上的合约条款，此合约还包括执行义务和将来的流程，如图 8-8 所示。区块链的出现使无须第三方参与成为现实。如图 8-9 所示，基于对象存储设备的智能合约模块包括 3 个组件：①交互真实性组件；②数据可追踪性组件；③系统安全性组件。在区块链的背景下，智能合约是一种预先编写好的逻辑，其中多种处理任务被提前记录为脚本，可自动执行。智能合约在分布式存储系统蓝宝石上存储并复制，并由物联网设备组成的网络执行。交互真实性组件防止相同的处理任务被多次执行，确保在物联网设备中执行的合约可回溯。数据可追踪性组件确保在物联网设备中的处理记录可追踪。系统安全性组件确保物联网设备间的合约可在区块链上进行管理，以保存合约记录。

当满足合约中规定的要求时，智能合约可为蓝宝石系统中的两个物联网设备分配数字合约。它们是嵌入在物联网设备软件代码中的可编程合约工具。智能合约的完整活动序列可在整个蓝宝石物联网网络中进行传播，同时也记录

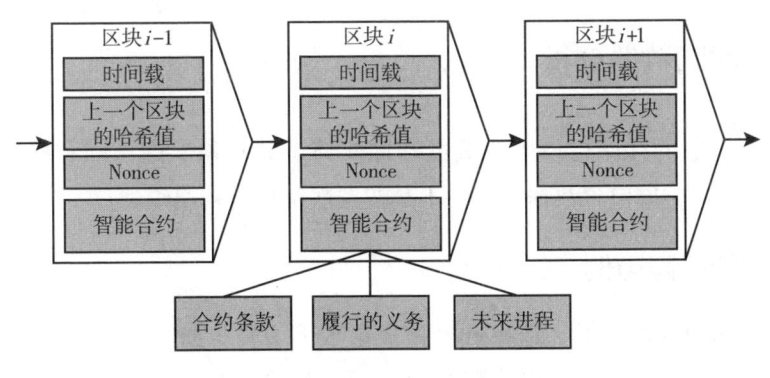

图 8-8　区块链物联网设备

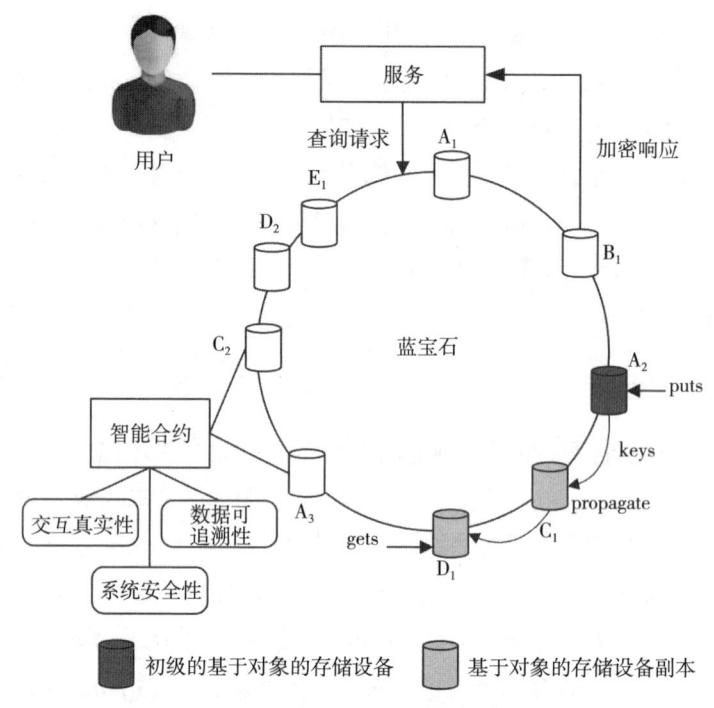

图 8-9　蓝宝石系统中的智能合约物联网设备

在区块链上,因此是公开可见的。即使物联网设备能生成新的虚假公共密钥来提高匿名性,所有交互的值对每个公共密钥也都是公开可见的。在基于对象存储设备的智能合约中,脚本语言被添加到区块链中,并允许其定义智能合约。基于对象存储设备的智能合约甚至可以实例化其他子合约,这使其有可能在蓝宝石物联网网络中执行多种形式的合约性协议。

8.6　物联网数据分析

基于对象的存储可以解决离散存储实体(如对象)的访问和操作问题。与文件类似,对象包含数据,但并不是按层次结构进行组织的。

8.6.1　物联网用例

物联网使数据种类、速率和容量成指数倍增长。如同普通网络一样,物联网带来的数据收集、集成、存储和分析任务需要由信息技术负责解决。如

表 8-1 所示，我们展示了物联网中的一些常见用例。因为需要捕获和搜索的数据多样性增强，当前的策略不能继续使用。同时，物联网的用例也更加多样化。大量来自设备的物联网数据附加于各种对象和设备上，很多对象可能位于同一平面地址空间的相同层级，文件和对象都有与其数据相关联的元数据。但是，对象的扩展元数据也为对象本身赋予了特点。

表 8-1 物联网用例

问题	查询语句
哪些物联网设备在近三天信息被访问过？	Type = txt，atime < 3 days
自 2017 年 5 月 1 日至 8 月 1 日期间，从 B 区域物联网设备 A 共收集了多少数据？	Dir = /10001，Name = A，When = 05/01/2017：08/01/2017
在 Y 区域 X 节点哪些视频文件过期并被移除？	retention time=expired，ctime > 3months type=video，Dir=/11101/X
有 2017 年 1 月 28 日下午 4 点至 5 点期间有哪些视频文件来自 C 节点中的 A 和 B 摄像头？	Dir=/11001/C/A，Dir=/11001/C/B，When = 4pm：5pm in 28/01/2017，type=video
在 2017 年 1 月 25 日上午 9 点至 10 点期间在区域所有传感器数据的平均值是多少？	Dir=/10011，files = sensors*.txt，When = 09am：10am in 25/01/2017
A 节点所有物联网设备产生的视频数据占用存储空间总计是多少？	Sum size where dir = /10011/A，type = video

通过对象的唯一标识符便可以实现检索，而不需要其物理位置。对象存储用于执行数据分析任务，为复杂度不同的模型扫描大型数据集。它有效地支持了联机分析处理任务，相较于基于扫描的操作有了很大的提升。它还使很多数据密集型应用程序能通过改变一些数据库原语来探索相关对象存储设备。在物联网设备执行数据分析应用程序时，也做了很多针对调度优化方面的提升。

8.6.2 对象存储设备与 Hadoop 分布式文件系统的连接

在这一部分，我们着手为 Hadoop 分布式文件系统提供插入的替换组件，使其与 Hadoop 分布式文件系统兼容，因此可以在不做修改的情况下执行现有任务。通过 Hadoop 分布式文件系统接口，文件系统语义可借助对象存储、元数据和索引进行模拟，使上述流程得以完成。在基于证书吊销列表的本地计算中，映射任务须从本地读取而不是从互联网，证书吊销列表是一些可局部重建的并行再生代码[35]。

在写入数据时，分散的原始数据分布在有 m 个节点上的连续内存块上，而 MapReduce 任务从本地原始数据切片读取数据，在读取时会绕过纠删码重构。原始数据流到达之后便会计算优化过的数据块，将它们放置在对象存储设备中。如图 8-10 所示，通过修改默认文件系统模块，Hadoop 分布式文件系统可与对象存储设备集成，以便与该设备上的应用程序编程接口进行通信。Hadoop 分布式文件系统与对象存储设备的集成不依赖于 Hadoop 生态体系，只对其数据节点进行修改。因为对象存储设备采用的是对象存储而不是块存储，所以修改后的默认文件系统（如对象存储设备文件系统）要将对象数据分解成更小的数据块。

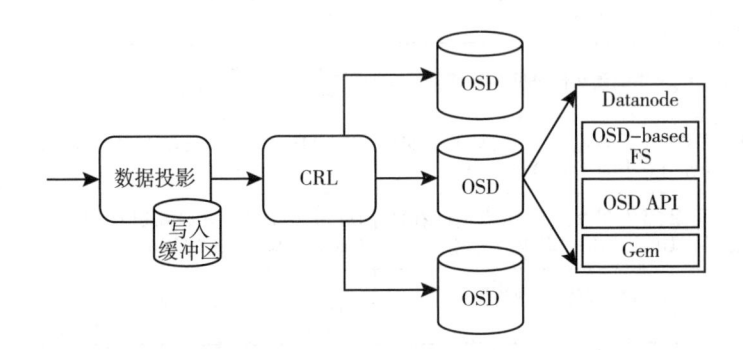

图 8-10 基于对象存储设备的 Hadoop 分布式文件系统数据节点

8.6.3 对象管理

如图 8-11 所示，我们在传统的关系数据库中管理对象（如记录）时，需要将用户数据作为二进制大型对象（如视频和图像）存储在多个块中。基于访问和操作的要求，有必要将跨多个存储节点的二进制大型对象分条，这样可对其内容同时进行检索。对象存储系统中的文件自然地映射到对象并存储在对象存储设备中，同时依照对象存储设备指令创建空对象，然后根据标准的对象存储设备读取和写入指令来访问和处理对象数据。此外，对象存储设备指令通过指定有效的服务质量参数提供分配给对象的可选属性，例如，对象的预期大小和随机／顺序等常见的访问模式。

基于那些仍然有效的规范，蓝宝石系统还提供了可与其他对象存储兼容的访问方式。图 8-12 展示了基于对象的数据仓库。在顺序排列的文件中，对

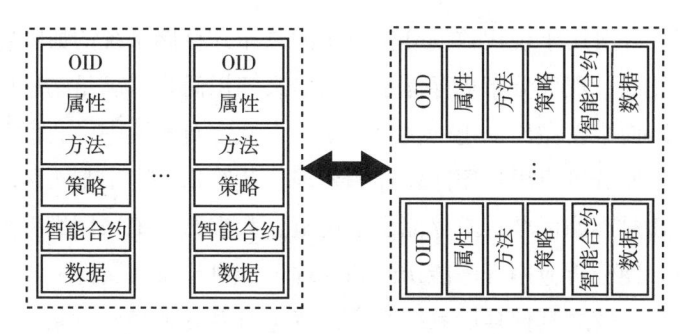

图 8-11　使用蓝宝石管理大型二进制对象

象 ID 是主索引，该索引的搜索密钥指定了文件的顺序。二级索引的搜索密钥则不同于文件的顺序。换句话说，文件中的记录并不是根据二级索引排列的。指针是对象的一部分，但不是对象所特有的。蓝宝石物联网存储系统支撑指针类型的属性，如引用。二级索引通常由包含指针的块组成。对象中的查询引擎执行包括连接、选择和整合在内的查询计划，并返回结果。因而可以将来自上层应用程序的策略集成在对象存储设备中，如锁定、调度和保持引用完整性。

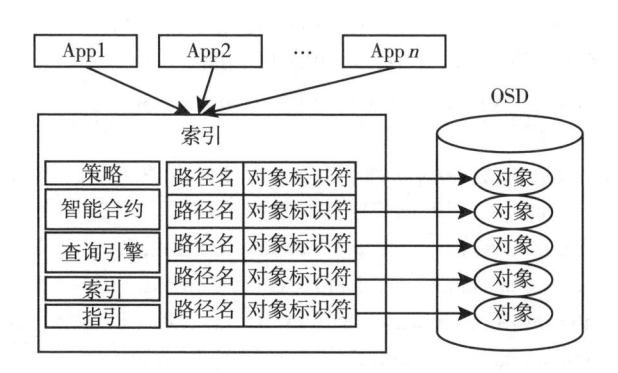

图 8-12　蓝宝石中基于对象的数据存储

8.7　总结

本章探讨了使用基于对象的存储方法，以改善物联网中存储系统和数据分析应用程序之间的交互。基于此，我们提出了基于区块链的大规模存储系统——蓝宝石，用于物联网中的数据分析。我们使用基于对象存储设备的智能合约，并将其作为一种交互协议，使物联网设备在蓝宝石系统中可与这种区块链进行交互，并对用于现代数据分析应用的分布式存储系统的典型特征进行了大致探索。然而，现代分布式存储系统的语义知识尚难以满足物联网中数据分析的要求，因而难以做出卓越的优化决策。在蓝宝石系统中，我们利用基于对象的存储接口使分析应用程序能将存储要求传达给物联网中基于区块链的对象存储系统。通过遵循标准对象存储设备规范，蓝宝石系统采用细粒度方式处理物联网数据，使分析应用程序能访问和处理单个对象及其属性。作为基于区块链的存储系统，较之其他存储系统而言，蓝宝石系统为存储对象提供了更为丰富的语义信息，因而比其他存储系统能更有效地优化其性能。未来，依托更丰富的语义信息，蓝宝石系统能更好地优化其布局，并为未来的操作留出更多的自由空间。

参考文献

[1] D. Evans, The internet of things how the next evolution of the internet is changing everything (2011), http://www.cisco.com/web/about/ac79/docs/innov/IoT_IBSG_0411FINAL.pdf

[2] K. Rose, S. Eldridge, L. Chapin, The internet of things: an overview understanding the issues and challenges of a more connected world (2015), http://www.internetsociety.org/sites/default/files/ISOC-IoT-Overview-20151022.pdf

[3] L. Atzori, A. Iera, G. Morabito, The internet of things: a survey. Comput. Netw. 54(15), 2787–2805 (2010)

[4] C. Dixon, R. Mahajan, S. Agarwal, A. Brush, B.L.S. Saroiu, P. Bahl, An operating system for the home, in *NSDI. USENIX* (2012)

[5] J. Vanus, M. Smolon, R. Martinek, J. Koziorek, J. Zidek, P. Bilik, Testing of the voice communication in smart home care. Hum. Centric Comput. Inf. Sci. 5(15), 1–22 (2015)

[6] Z. Fan, P. Kulkarni, S. Gormus, C. Efthymiou, G. Kalogridis, M. Sooriyabandara, Z. Zhu, S. Lambotharan, W.H. Chin, Smart grid communications: overview of research challenges, solutions, and standardization activities. IEEE Commun. Surv. Tutor. 15(1), 21–38 (2013)

[7] F. Zafari, I. Papapanagiotou, K. Christidis,Micro-location for internet of things equipped smart buildings. IEEE Internet Things J. 3(1), 96–112 (2016)

[8] T. Hardjono,N. Smith, Cloud-based commissioning of constrained devices using permissioned blockchains, in *Proceedings of the International Workshop on IoT Privacy, Trust, and Security* (2016), pp. 29–36

[9] K. Christidis, M. Devetsiokiotis, Blockchains and smart contracts for the internet of things. IEEE Access 4, 2292–2303 (2016)

[10] R. Pass, L. Seeman, A. Shelat, Analysis of the blockchain protocol in asynchronous

networks. IACR ePrint (2016)
[11] G. Wood, Ethereum: a secure decentralized transaction ledger, http://gavwood.com/paper.pdf
[12] M. Mesnier, G.R. Ganger, E. Riedel, Object-based storage. IEEE Commun. Mag. 41(8), 84–90 (2003)
[13] Q. Xu, K.M.M. Aung, Y. Zhu, K.L. Yong, A large-scale object-based active storage platform for data analytics in the internet of things, in *The 9th International Conference on Multimedia and Ubiquitous Engineering (MUE)* (2015), pp. 405–413
[14] Q. Xu, K.M.M. Aung, Y. Zhu et al., Building a large-scale object-based active storage platform for data analytics in the internet of things. J. Supercomput. 72, 2796–2814 (2016)
[15] G.A. Gibson, R.V. Meter, Network attached storage architecture. Commun. ACM 43(11), 37–45 (2000)
[16] N. Szabo, Formalizing and securing relationships on public networks. First Monday 2(9) (1997)
[17] L. Luu, D.H. Chu, H. Olickel, P. Saxena, A. Hobor, Making smart contracts smarter, in *ACM CCS* (2016)
[18] J. Wang, P. Shang, J. Yin, Draw: a new data-grouping-aware data placement scheme for data intensive applications with interest locality, in *Cloud Computing for Data-Intensive Applications* (Springer, 2014), pp. 149–174
[19] E. Riedel, G.A. Gibson, C. Faloutsos, Active storage for large-scale data mining and multimedia, in *VLDB* (1998), pp. 62–73
[20] A. Acharya, M. Uysal, J.H. Saltz, Active disks: programming model, algorithms and evaluation, in *ASPLOS* (1998), pp. 81–91
[21] K. Keeton, D.A. Patterson, J.M. Hellerstein, A case for intelligent disks (idisks). SIGMOD Rec. 27(3), 42–52 (1998)
[22] L. Huston, R. Sukthankar, R. Wickremesinghe, M. Satyanarayanan, G.R. Ganger, E. Riedel, A. Ailamaki, Diamond: a storage architecture for early discard in interactive search, in *FAST* (2004), pp. 73–86
[23] S.W. Son, S. Lang, P. Carns, R. Ross, R. Thakur, B. Ozisikyilmaz, P. Kumar, W.K. Liao, A. Choudhary, Enabling active storage on parallel I/O software stacks, in *MSST* (2010), pp. 1–12
[24] Q. Xu, H.T. Shen, Z. Chen, B. Cui, X. Zhou, Y. Dai, Hybrid retrieval mechanisms in vehiclebased P2P networks, in *Proceedings of the International Conference on Computational Science (ICCS'09)*. Lecture Notes in Computer Science, vol. 5544 (Springer, Berlin, 2009), pp. 303–314
[25] K. Shvachko, H. Kuang, S. Radia, R. Chansler, The hadoop distributed file system, in *MSST* (2010), pp. 1–10
[26] Q. Xu, Y. Dai, B. Cui, A HIT-based semantic search approach in unstructured P2P

systems. Acta Sci. Nat. Univ. Pekin. 46(1), 17–29 (2010)
[27] Y. Li,W. Dai, Z.Ming, M. Qiu, Privacy protection for preventing data over-collection in smart city. IEEE Trans. Comput. 65(5), 1339–1350 (2016)
[28] N. Boumkheld, M. Ghogho, M.E. Koutbi, Energy consumption scheduling in a smart grid including renewable energy. J. Inf. Proces. Syst. 11(1), 116–124 (2015)
[29] I. Stoica, R. Morris, D.R. Karger, M.F. Kaashoek, H. Balakrishnan, Chord: a scalable peer-topeer lookup service for internet applications, in *SIGCOMM* (2001), pp. 149–160
[30] Q. Xu, H.T. Shen, Z. Chen, B. Cui, X. Zhou, Y. Dai, Hybrid information retrieval policies based on cooperative cache in mobile P2P networks. Front. Comput. Sci. China 3(3), 381–395 (2009)
[31] Q. Xu, R.V. Arumugam, K.L. Yong, S. Mahadevan, Efficient and scalable metadata management in EB-scale file systems. IEEE Trans. Parallel Distrib. Syst. 25(11), 2840–2850 (2014)
[32] C. Chekuri, S. Khanna, A polynomial time approximation scheme for the multiple knapsack problem. SIAM J. Comput. 35(3), 713–728 (2005)
[33] Q. Xu, R.V. Arumugam, K.L. Yong, S. Mahadevan, DROP: facilitating distributed metadata management in EB-scale storage systems, in *MSST* (2013), pp. 1–10
[34] A. Kosba, A. Miller, E. Shi, Z. Wen, C. Papamanthou, Hawk: the blockchain model of cryptography and privacy-preserving smart contracts, in *IEEE Symposium on Security and Privacy (S&P)* (2016), pp. 839–858
[35] Q. Xu,W. Xi, K.L. Yong, C. Jin, Concurrent regeneration code with local reconstruction in distributed storage systems, in *The 9th International Conference on Multimedia and Ubiquitous Engineering (MUE)* (2015), pp. 415–422

第9章
确保物联网环境下的服务质量

贾科莫·坦加内利，卡洛·瓦拉蒂，恩佐·明戈齐

摘要： 物联网有望从根本上重塑自个人到工业等广泛领域的很多流程。在很多异构场景中，物联网系统需要保证所需的可靠性和延迟级别，以便为终端用户提供高质量服务。物联网系统中的服务质量保障需要不同层面的明确支持。一方面，在网络层面，需要具体的技术通信标准，以确保及时可靠的数据传输。另一方面，在应用程序层面，必须有应用程序协议的大力支持，同时设计出新型资源分配算法，以处理并发访问和实现适当的资源管理。本章对当前物联网系统中用于确保服务质量的解决方案进行了概述。具体来说，一是通过总结物联网中主要通信标准所包含的所有机制，在网络层面对当前可用的途径进行调查；二是对当前可用的物联网协议和平台解决方案进行分析，以便在应用程序层面实现服务质量控制。

9.1 绪论

越来越多的传感、驱动、计算和通信功能嵌入到我们周围的常见对象中，这些功能的持续性增长正将物联网的早期愿景变为现实。如今，市场上有很多解决方案，利用网络化的"智能"对象为终端用户提供连接到现实世界的高端服务。但是，这些解决方案通常是基于特定硬件/软件的独立系统，这些系统之间彼此不能协作，不具备共享智能对象以提高效率和可拓展性的功能。然而，独立性并不是其唯一的缺点。从软件开发人员的角度来看，缺乏与智能对象交互的通用软件结构对软件的迁移和维护造成了极大的限制。为了克服这些限制，横向开发部署物联网应用是目前为止更为适用且可取的方法。为此，中间件平台目前正通过标准接口定义访问智能对象的方法，以便能够轻松集成异

构和现有系统，并促进基于融合式基础架构来促进应用程序逻辑的开发。

物联网系统有望应用于具有大量异构应用程序的实例中。对于如智能工业或智能电网等系统来说，强制性要求保障服务质量。事实上，在这些系统中，传输失败和超出要求的延迟都是不能接受的，这些问题通常会导致系统不稳定和停机，从而带来经济和物质损失，最终对人类安全造成威胁。在物联网系统中，提供有效的细粒度服务质量保障需要在不同层级实现特定功能。与传统系统一样，互联网必须保障网络层级上的服务质量，以确保物联网设备和应用程序进行通信时满足服务质量的要求。此外，物联网系统需要获取来自应用程序协议和平台等应用层级的支持，以处理并发应用程序，实现共享资源的有效管理。

本章对当前物联网技术中可用的服务质量保障方法进行了概述。该分析涵盖了与网络和应用程序层级相关的所有方面。本章内容结构如下：首先，对必须保障服务质量的不同用例进行分析；然后，提供了在网络层级和应用程序层级中可用服务质量保障的概述；最后，总结了物联网中的服务质量保障以及相关的未来研究方向。

9.2 满足服务质量要求的物联网用例

在多数用例中，物联网系统中的服务质量保障都是强制性的。然而，每个场景的不同特点会有显著差异的服务质量要求。接下来给出了要用服务质量保障来保证系统正常运行的主要物联网用例，并对它们的主要需求进行了简要描述。

9.2.1 智能制造

近年来，物联网技术的快速发展引起了工业企业的关注，他们希望通过物联网在生产制造效率方面取得巨大突破。这种新兴的技术作为物联网部署中的重大挑战，在文献中称为工业物联网。典型的工业物联网系统是在工厂内专用网络中部署传感器和执行器来收集特定数据，并协助和控制生产流程。尽管工业物联网系统的架构与标准物联网系统并无不同，但很多工业制造流程上的需求是主要挑战。事实上，在弹性、可靠性和延迟性方面严格的服务质量要求是确保制造自动化正确实施的必要条件[1]。

智能制造物联网应用程序的一个使用实例是将其用于非关键工序的闭环控制。在这一实例中，应用程序要求获取来自传感器的遥测数据和控制指令，并分别传递到部署在装配线上的执行器中，以毫秒为单位严格控制传递延迟时间[2]。当出现较大延迟时，整个系统将进入紧急关闭状态，这可能会带来巨大的经济损失。

该实例对于传感器发出的紧急信号要求更加严格，因为它们必须在尽可能低的延迟下将信号发送到功能更强的中央控制器。此外，在这一实例中，通信的可靠性非常重要，因为丢包可能会导致残次品。在这种情况下，实现服务质量要求则更具挑战性，因为它不仅受时间相关参数的限制，还涉及可靠性等其他不同方面，这一点可以通过在系统架构中引入一定程度的冗余来实现，以便及时对系统故障做出反应。

工业应用有专门的无线通信标准，以满足这些严格的要求。其中，值得一提的是 WirelessHART 和 6TiSCH 协议。

9.2.2 智能电网

引入分布在广泛区域的可再生能源，增加了电网系统的复杂性，本地双向能量流的产生对管理基础设施提出了更加高效灵活的需求，从而引发了智能电网系统的发展，以及新型通信基础设施在该系统中的应用[3]。这种基础设施旨在通过使用智能设备实现实时监控和协调，智能设备在整个电网中采用机器对机器通信[4]。

智能电网是由不同的功能模块（如发电、传输和分配）组成的异构拓扑结构，这些功能块沿着从供应商到消费者的供应链部署。虽然不能推导出单一的代表性拓扑结构，但通常涉及 3 种不同类型的网络：广域网（wide area networks，WAN）、区域网（Field Area Network，FAN）和家庭局域网（home area networks，HAN）。广域网用于连接发电厂和本地变电站（变电站负责将高压电转换为用于配电的低压电）。区域网用于连接临近的变电站，负责监测和控制单元内的用电情况，并根据所需负载进行较小的独立调整。家庭局域网则用于连接用户住处的智能设备，同时实现了一些新功能，如利用供电商提供的信息进行自动计量。

网络的异构性导致了不同的通信需求，出于安全考虑，这些通信需求必须予以满足。为此，智能电网系统必须包含服务质量保障，以确保通信的可靠性和及时性。在所有要求之中，及时性是最重要的，因为某些类型的信息只有在预定的期限内传达才有价值。一旦错过截止时间，可能会对电网系统内部造成损害。电气电子工程师协会制定的 IEEE 1646 标准[5]正式定义了电网系统中的通信延迟需求。表 9-1 展示了根据不同信息类型和不同的通信终端制定的要求。

表 9-1 IEEE 1646 通信交互时间对变电站自动化性能的要求

信息类型	变电站内部	变电站外部
保护信息	4 ms	8～12 ms
监控信息	16 ms	1 s
操作与维护信息	1 s	10 s
文本字符串	2 s	10 s
处理过的数据文件	10 s	30 s
程序文件	60 s	10 min
图像文件	10 s	60 s
音视频流	1 s	1 s

智能电网的实现应用了不同的通信技术[6]。考虑到其服务质量要求与工业应用程序类似，应用于智能制造的无线技术也通常用于区域网和家庭局域网。而广域网则通过远程蜂窝网络来实现，其在设计时直接嵌入了服务质量保障。智能电网也可以采用电力线通信技术，利用现有电力线传输数据信号。然而，由于信道环境恶劣，带有刺耳嘈杂的噪声，难以实现任何服务质量保障，电力线通信技术的应用受到限制。

9.2.3 电子健康

高新的技术发展为物联网开拓了新领域。其中，智能健康或电子健康是非常有前景的用例之一，有望通过远程病人监护等新型医疗保健服务使人们的生活品质显著提高。在这种情况下，服务质量保障同样是一项关键要求[7]。以远程健康监测为例，通过人体传感网络采集到的数据相关性不同，比如，心脏活动数据比体温数据更重要。因此，数据的采集和传输必须依照不同的服务质量级别确立相应的优先顺序。此外，数据的优先级可依据传感器值随时间发生动态变化，比如，当显示低血糖或高血糖现象时，葡萄糖数据的优先级别将会提高。

为达到此目的，电气电子工程师协会 1073 工作组为多种健康应用程序确立了服务质量要求。其中，心电图（ECG）监测的服务质量要求是最严格的。因为这种应用程序要求以 4000 B/s 的速度发送突发数据，同时这些数据传递给每个电极的最大延迟不得超过 500 ms[8]。

智能健康监测系统将蓝牙作为通信技术[9]。蓝牙则嵌入了受控延迟来保障短距离通信。

9.3 物联网网络中的服务质量保障

通信的及时性与可靠性是为物联网应用程序提供服务质量保障的重要参数。为此，相关组织已经为无线和有线网络制定了多项通信标准。由于部署速度更快、覆盖范围更广且成本更低，未来的物联网部署将主要依赖于无线通信。因此，无线通信的服务质量保障标准在未来物联网应用中至关重要。本章对用于物联网的主要无线标准进行了概述。

9.3.1 WirelessHART

WirelessHART 开发于 2008 年，是自 20 世纪 80 年代以来一直应用于工业工厂有线通信的 HART 协议的扩展[10]。它的接口与有线通信相同，便于集成，但为了提供与 HART 协议中同样切实可用的保障，重新设计了网络、数据链路和物理层。WirelessHART 使用兼容运行在 2.4 GHz ISM 频段上的无线电 IEEE 802.15.4 标准，采用直接序列扩频通信技术，实现逐包信道跳变。该网络为多跳网状网络，其中每个设备可从相邻设备转接数据包，实现多跳通信。确保在发生故障时，可靠信息能够通过其他路径传达，支持单播和多播。

WirelessHART 协议采用时分多址（TDMA）作为 MAC 协议，通过设备间的精确时间同步实现。时分多址是将时间分成时隙，每个时隙持续的时间足以满足每个信道发送或接受一个数据包，通信确认机制可确保传输的可靠性。

该协议可识别出参与形成网络设备的类型，如图 9-1 所示。

（1）现场设备：产生或接收数据的传感和驱动装置。如有需要，现场设备可从/向相邻设备转送流量。

（2）路由器：仅用来通过无线网络转送数据包的设备。

（3）适配器：通过 WirelessHART 网络连接有线 HART 现场设备的设备。

（4）接入点：将现场设备连接到网关的设备。

（5）网关：将 WirelessHART 网络连接到 IP 网络的设备。

（6）网络管理器：处理整个网络配置的设备。

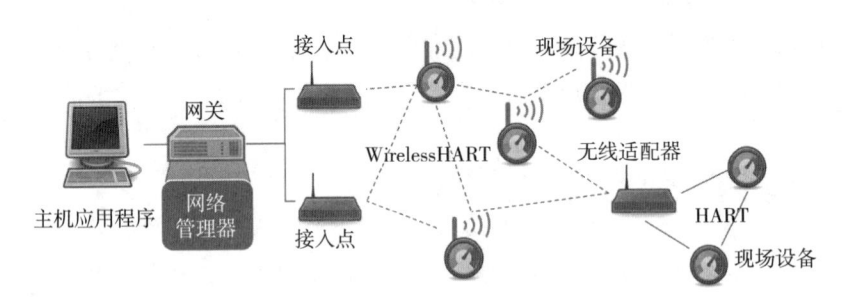

图 9-1　WirelessHART 设备

网络管理器是网络的核心组件，负责配置路由和分配传输机会。为此，它构建的动态路由图能根据网络设备提供的状态信息不断更新，现场设备之间的通信都是基于命令和响应的。事实上，WirelessHART 就是以现场设备通信为重要出发点进行设计的。但是外部应用程序也能通过网关为现场设备调度流量。每当某个现场设备想要与另一个现场设备交互时，它需要询问网络管理器。网络管理器收集所有需求并计算路由和调度，然后将其映射到时隙分配，发送到每个设备。考虑到设备间的通信通常是周期性进行的，因而时隙一般被安排为长度可变的周期超码框。

集中式网络管理和时分多址调度使 WirelessHART 可实施严格的服务质量要求，该要求是为现场设备间通信而制定的。为此，通信一般被分为指令、流程数据、正常和警报 4 个不同的优先级，以便进行优先信息排队和传递。指令信息优先级最高，并且始终通过网络进行传输，从而通过网络管理器保证网络正常使用。警报信息尽管名为警报，但是优先级最低，可延迟，因为此类信息总是盖有时间戳。最终，其他所有流量将在缓冲区空间和宽带允许的情况下流经网络。在这些流量中，流程数据的优先级高于正常信息和警报信息。无论何时进行重传，通信都会依据优先级的不同而进行。如果有优先级较高的数据包需要重传，可以在时隙上调度，将其分配给原本用于传输优先级较低流量的同一现场设备。因此，延迟发送优先级较低的信息以确保优先级较高的信息先传输。

尽管通过网络管理器实现的路由和调度策略对服务质量至关重要，但并不是 WirelessHART 规范指定的。因此文献中提出了不同的算法。在文献［11］中，作者提出了一种基于 WirelessHART 的最优分支定界算法和一种拟多项式启发式算法，用于调度预定期限内的实时动态流量。类似的问题在文献［12］中也得到了解决，作者设计了一种最小化数据迁移时间的二叉树算法，这在 WirelessHART 网络拓扑中很常见，即所有通信必须经过网关。

9.3.2 6TiSCH

目前，在国际互联网工程任务组（The Internet Engineering Task Force，IETF）标准下，6TiSCH 协议代表了新型时间敏感网络进程中最有前景的标准化成果，在该网络中时间敏感流量显著。制定该标准的主要目标是定义一个网络架构，该网络架构支持对抖动和延迟高度敏感的关键流量，且损失最小。在智能自动化应用程序等指挥控制网络中，这些要求是预期中非常典型的案例。

如图 9-2 所示，6TiSCH 协议栈[13] 是以现有标准为基础的。具体来说，MAC 协议基于 IEEE802.15.4e 时隙信道跳频（TSCH）协议，旨在为工业型应用提供确定性通信。IEEE 802.15.4e 时隙信道跳频指定一个时隙接入口，在此时隙中，节点于预定的传输/接收时机（称为单元）进行传输/接收，这样可消除竞争节点之间的冲突，增加网络吞吐量，此外还可以利用多信道和信道跳频来减弱干扰的影响。在 MAC 层之上，6top 层[14] 目前作为逻辑链路控制（LLC）子层处于标准化下，该层将下面的时隙信道跳频抽象化为 IP 链路。IPv6 数据包可以通过该链路传输，并按照压缩为 6LoWPAN 规范进行压缩。多

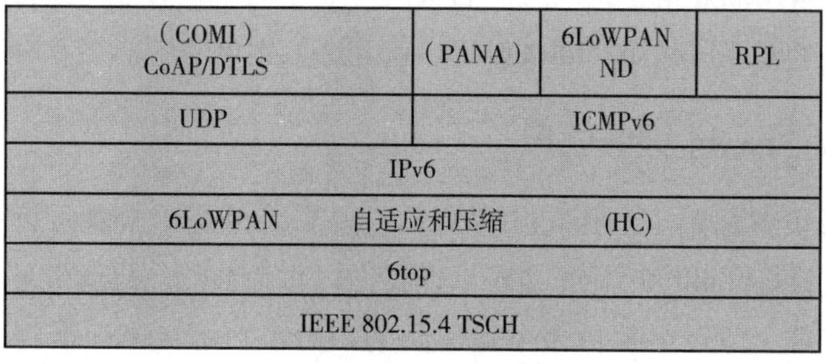

（COMI）CoAP/DTLS	（PANA）	6LoWPAN ND	RPL
UDP	ICMPv6		
IPv6			
6LoWPAN 自适应和压缩		(HC)	
6top			
IEEE 802.15.4 TSCH			

图 9-2　6TiSCH 协议栈

跳数据包通过远程启动服务路由协议传输,该标准事实协议适用于低功率有损网络。路由协议负责创建非循环图,用于定义节点间的所有路由,即数据包必须经过从一个节点到另一个节点的路径。

6top 层是 6TiSCH 架构的核心,它负责管理时隙信道跳频单元的调度,为所有节点分配发送和接收机会。为此,6TiSCH 定义了两种不同的调度计算模式:一种是分布式的,一种是集中式的。在分布式模式中,网络采用分布式调度机制,每个节点负责与相邻节点协调单个传输的机会,并根据远程启动服务协议执行提供信息的路由。相反,在集中式模式中,称为路径计算单元(PCE)的集中实体用来配置网络。在这种情况下,路径计算单元负责执行路由,覆盖由远程启动服务协议导出的路径,以及实施集中式调度策略,将单元分配给网络中的所有节点。为了区分路径计算单元调度的单元和本地调度的单元,这两种单元分别被定义为硬单元和软单元。硬单元只能通过集中实体进行分配,不能进行动态重新分配。相反,软单元能通过 6top 动态重新分配。

6TiSCH 协议定义了 4 种调度单元的范例:静态调度、邻对邻调度、逐跳调度和远程监控调度管理。在静态调度中,整个网络用固定的调度部署。所有单元都是共享的,节点以时隙 ALOHA 的方式争取单元访问权限。这种调度程序无法提供任何确定性保障。在邻对邻调度中,6top 层根据特定调度函数对单元进行动态分配,分配在两个节点中的一组单元称为一束,6top 层用其执行具有所需带宽的 IP 链路抽象,链路的带宽与束中的单元数量成正比。6top 层能动态调整束的大小以适应带宽需求的变化。在逐跳调度中,执行分布式逐跳,以便在两个节点之间预留一条专用路径,如用于特定业务流的路径。通过资源预留协议(RSVP)等端对端的信令协议可执行预留操作,该协议使每个节点的 6top 层能为数据流分配所需的软单元。与其他模式不同的是,远程监控调度管理模式采用的是集中式调度。为实现对节点的远程管理和监控,每个节点必须提供一个表述性状态传递接口,以便外部实体能与节点的 6top 层交互。

9.3.3 6TiSCH 服务质量

6top 层负责保障上层指定的服务质量要求。但是,服务质量不仅是通过配置数据包转发和调度单元来实现,还要通过每个节点的排队管理来实现。为此,6top 在每个节点上执行多个输出队列,用来确定输出数据包的优先级排序。数据包根据其附加属性,如下一跳邻居节点(DestAddr)、TrackId 或优先级，进行分类。为实现此目标，不同的国际互联网工程任务组（IETF）（如Detnet WG）当前正在定义一个通用协议以确定流量优先级。其中，基于区分服务（DiffServ）分类的规范是最有前景的。例如，应用于低功耗松散网络（LLN）流量的区分服务类型推荐定义了在低功率和有损网络中常见的流量类别[15]，每种类型都有独有的特征。每种类型映射到不同的差分服务代码点，以便定义确定性的每跳行为。最后有必要说明的是，这种分类也可以映射到文件 RFC 5673（《低功耗和有损网络中的工业路由要求》）[2]。表 9-2 中总结了 LLN 通信类别及其相应的映射。

表 9-2 LLN 通信类别及其相应的映射

通信类别	通信特性	容忍 丢失	容忍 延迟	容忍 抖动	DSCP	RFC 5673 class
警报	Size = small Rate = 1–few Short flow Burst = none to somewhat	Low	Low	N/A	CS5	2, 3
控制	Size = variable, typically small Rate = few Short flow Burst = none to somewhat	High	Low	High	CS5	2, 3
确定性控制	Size = variable, typically small Rate = few Short flow Burst = none to somewhat	Low	Very low	Very low	EF	1
视频	Size = big Rate = variable Long flow Burst = non-bursty	Low	Low–Medium	Low	CS3	N/A
查询库	Size = variable Rate = variable Short flow Burst = bursty	Low	Medium	High	AF21 AF22 AF23	4
周期性	Size = variable Rate = constant Long flow Burst = bursty	High	Medium–High	High	AF11 AF12 AF13	5

6TiSCH 网络中采用的调度策略是实现服务质量的核心组件。为此，文献中提出了包含多种不同策略和目标的解决方案。其中值得一提的是文献［16］，它提出一种分布式算法，根据实际流量负载动态分配单元。这种简单的方法尤其适用于受约束较大的设备，因为它只利用了局部信息的最小集合。在文献［17］中，作者提出了一种类似的方法来实现去中心化流量感知调度，该方法旨在将端对端延迟降到最低。其并不只是利用本地信息，还利用邻对邻信令沿着从源节点到目的节点之间的路径来调度单元。

9.3.4 蓝牙

用于无线个人通信的蓝牙协议早在 1998 年就实现了标准化。蓝牙低能耗修订版是一种低功耗无线电技术，可使物联网具备最大的潜能，可连接众多不同的个人设备，如可穿戴传感器、平板电脑、智能手机或智能小工具等。为了简化蓝牙低能耗节点与现有物联网系统的集成，最新的蓝牙规范引入了网络协议支持配置文件，通过蓝牙低能耗网关为其智能传感器提供互联网连接[18]。此外，国际互联网工程任务组为蓝牙低能耗节点标准化了 6LoWPAN，以支持 IPv6 数据包的传输[19]。这为个人物联网系统开拓了新的应用领域，使智能手机作为网关与周围具备蓝牙低能耗的传感器连接[20]。

蓝牙允许创建小型网络 piconets，其包含一个主设备（启动器）和最多 7 个从设备。但是，多个 piconets 可以通过同时在不同 piconets 运行的设备连接形成分布网。将时间分为时隙，其访问权限由主设备控制。主设备定期向从设备轮询需要传输的数据量。如果从设备没有要发送的数据，则回复一个空的数据包（NULL 数据包）。然后主设备根据从设备的缓冲状态用此反馈执行时隙调度。在蓝牙中，可使用两种不同的物理链路：同步面向连接（synchronous connection-oriented，SCO）和异步无连接（asynchronous connection-less，ACL）。在物理链路之上，每个设备都执行链路管理协议（Link Manager Protocol，LMP），用于链路管理和服务质量的实施。除了链路管理协议，每个设备还执行逻辑链路控制和适配协议（Logical Link Control and Adaptation Protocol，L2CAP），该协议与其他设备的逻辑链路控制和适配协议模块通信，进行服务质量协商。

主设备和从设备之间同步面向连接建立起来后，会为该通信安排至少一个时隙。在该时隙中，主设备按周期轮询从设备以确保恒定的带宽分配。这种服务主要针对需要固定或限界延迟的应用，如语音传输。同步面向连接流量优先于其他流量,以确保网络正常运行。异步无连接在建立后,会为此通信部署一个或多个时隙;但是,在无时间保证的情况下,主设备对从设备进行不定期轮询。因此,异步无连接的带宽取决于主设备对从设备轮询的频率,这是在链路设置时协商确定的,为每个从设备设定最低轮询频率可确保最小带宽。

9.3.5 蓝牙服务质量

在蓝牙网络中,主设备通过时隙分配负责实施所协商的服务质量。调度策略未定义,但它规定了必须强制执行逻辑链路控制和适配协议及链路管理协议在设置链路时所协商的服务质量参数(详见表9-3)。虽然协议规范建议使用轮询调度策略,但是文献中还定义了其他几种替代方案。其中文献[21]中所提出的实例,是一种能同时实现轮询和调度的策略,可减少piconets内分组延迟并能最大化整体吞吐量。这种方法利用队列状态和延迟信息,使调度和轮询间隙与实际流量相适应,从而提高链路利用率和资源管理效率。

尽管蓝牙标准是专为个人连接而设计的,但是其与生俱来的服务质量保障也吸引了科研界的关注。他们对蓝牙标准在工业应用中的使用情况进行了评估。比如,在文献[11]中,作者就蓝牙在工业应用程序中可能存在的应用进行研究,这一领域要求蓝牙通信具备可靠性和低延迟性。作者专门研究了周期性和非周期性流量的实时调度算法,以减少数据包丢失,同时以IEEE 802.15.4作为无线标准对该算法在蓝牙中的性能进行评估,演示蓝牙如何确保较低的通信延迟。

表9-3 蓝牙服务质量参数

名称	组件	描述
令牌速率	L2CAP	名义正常速率
令牌桶大小	L2CAP	最大突发大小
峰值带宽	L2CAP	最大带宽
延迟	L2CAP	物理层之间的最大延迟
延迟变化	L2CAP	最大抖动
刷新超时	L2CAP	删除不成功数据包前的最大重传超时
Tpoll	LMP	连续轮询之间的最大间隔

9.4 物联网应用程序的服务质量保障

为了定义与物联网设备交互的公共接口，相关组织已经将不同的应用级协议进行标准化。其中，CoAP 协议[22]、数据分布服务协议[23]和消息队列遥测传输协议[24]定义了一种物联网设备所用的公共接口，用来将其功能提供给应用。服务质量的实现需要来自应用协议的明确支持，如为与物联网设备交互而确定的服务质量需求、接收来自传感器的数据频率等。服务质量的实现同时要考虑到多种应用能并发访问同一物联网设备，所以应用协议可能还要包括对指定请求优先级的支持，以便为警报等重要信息提供较高优先级。

然而，标准物联网应用协议不能完成大规模物联网系统的创建。应用程序和物联网设备之间的直接交互仅在设备数量和并行应用有限的小规模系统中可行。物联网平台的设计和部署被广泛认为是实现大规模物联网系统的基本要素。它们的实现需要能够支持和发现复杂功能的架构，并且该架构能保证部署的可扩展性，比如，容纳数千台设备、网络跨越不同区域。

在大规模系统中实现服务质量保障需要来自平台的明确支持，以实现对资源的适当管理。平台对产生的服务质量有显著影响，因为它负责管理来自应用的请求，以及给检索数据或触发操作分配真实物联网设备。为此，需要一个基于服务质量感知的物联网平台来确保设备不会过载。最后，该平台仍需负责与网络交互，基于分配额来配置网络服务质量。

目前有许多物联网平台，但是只有个别物联网平台有明确的服务质量保障。尽管在当前的物联网平台中可引入（或将引入）服务质量功能，但服务质量功能的最终实现仍是一个未解决的问题。因此，作为研究项目的一部分，开发的物联网平台只能进行简单的试验。

在本节中，从应用程序层级对服务质量保障进行了概述。9.4.1 节介绍了数据分发服务（DDS）、CoAP 协议和消息队列遥测传输 3 种常见的物联网应用协议，它们能提供最基础的服务质量保障。9.4.2 节介绍了 3 个包含试验性服务质量保障的物联网平台案例：①在网络层为服务质量配置定义了接口的 oneM2M 平台；②为应用程序请求管理提供实际保障的 BETaaS 平台；③和提供网络层服务质量配置基本保障的 IoT@Work 平台。

9.4.1 数据分发服务

数据分发服务是一种基于主题的新型发布/订阅协议[23],应用于物联网应用程序。传感器和应用程序都可以使用数据分发服务来交换关注的信息。主题由其唯一名称确认,结构支持模式定义。

每个发布服务器至少有一个数据写入器模块,而每个订阅服务器至少有一个数据读取器模块。需要发布数据的应用将数据发送到数据写入器,数据写入器负责将信息传输到所有相关的数据读取器中。每个数据读取器收到信息后,会将数据传输到相关应用程序。发现功能的具体操作不属于数据发布服务规范的范畴,部分涵盖在其他文档中,如 DDSI-RTPS[25]。DDSI-RTPS 规范建议采用用户数据报协议,如传输控制协议,因为这不会带来任何延迟[25]。

9.4.2 数据发布服务的服务质量

数据发布服务是少数几个在设计之初就包含显式 QoS 协商的物联网应用协议之一。为此,每个数据读取器仅在主题匹配时才与数据写入器相关联,而且写入器提供的服务质量保障可满足读取器指定的要求。数据发布服务从不同的角度定义不同的服务质量策略。但是,需要注意的是每个服务质量配置文件都有一个特定的主题行为,该主题行为可根据相关参数自定义。

数据发布服务定义了两种不同的传输方式:RELIABLE 和 BEST_EFFORT。RELIABLE 基于简单的停止等待确认机制,其中未完成交互的数量限制为 1,并且每次超时都与每个信息相关联。相反,BEST_EFFORT 不提供任何保障,而是提供消息传递的次序。此功能通过数据读取器所用的一个时间戳得以实现,用来重建正确的数据包流。

为了保障及时传输,数据发布服务提供了 3 种不同的策略:DEADLINE、LATENCY_BUDGET 和 TRANSPORT_PRIORITY。使用 DEADLINE 时,应用程序可以指定数据的最大到达间隔时间。应用程序需要周期固定的数据流时,可以使用此模式。LATENCY_BUDGET 是为具有容迟特点(Delay-Tolerant)的应用程序定义的,但是它可以指定数据生成时间和接收方收到所发信息时间之间可接受的最大延迟音间隔。TRANSPORT_PRIORITY 可以为信息发送提供 best-effort 服务,其队列管理可以指定优先级。

为处理受限设备,数据发布服务还包括了限制资源使用的服务质量机制。

TIME_BASED_FILTER 参数允许应用程序指定数据间的最小到达间隔时间，从而限制最大生成速率。通过这种方式，中间件不会面临超出其处理能力范围的数据突发情况，如图 9-3 所示。

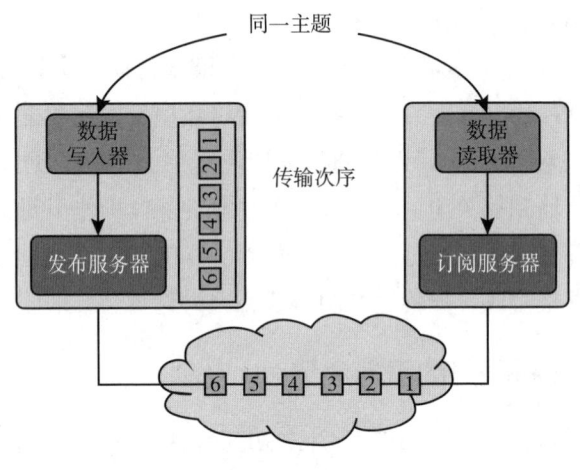

图 9-3　数据发布服务交换

9.4.3　CoAP 协议

CoAP 协议是专为低功耗和有损网络中的受限设备而设计的表述性状态传递协议[22]。CoAP 协议从超文本传输协议中获得了重要灵感。但是，它降低了成本，并且专为 M2M 通信进行了优化，如对用户数据报文协议的使用。遵循客户端 - 服务器表述性状态传递型架构，CoAP 协议用此方法（GET/PUT/POST/DELETE）实现了请求 / 响应模型。在 CoAP 协议条件下，受限设备通常是将其传感器 / 执行器作为专用资源的服务器，每个资源由唯一的统一资源标识符（URI）标识。另外，客户端通过表述性状态传递接口与服务器交互，以检索传感器的值（GET）或对执行器执行操作（POST）。

受限设备通常由电池供电，并且在一段时间内可能处于休眠状态。为了处理休眠节点并优化电池，CoAP 协议允许使用代理。此外，CoAP 协议鼓励使用代理来实现在受限设备上无法直接进行的缓存或服务质量保障。具体来说，CoAP 协议定义了两种不同类型的代理：正向代理和反向代理。对于正向代理来说，客户端知道代理的存在，并使用指定所需端点的专用选项向代理发出请求。不同的是，反向代理会将其真实端点隐藏，公开代理所有的远程资源，由客户端向反向代理发出正常请求，反向代理负责将请求/响应转发至实际端点或由实际端点转发。

通过引入专为物联网应用而设计的新功能，CoAP 协议得到了增强，其中观测资源功能尤其引人注目[26]。该功能基于常见的观察者设计模式，观察者（客户端）在特定的已知提供者（服务器）上注册，以获取特定主题（资源）。这意味着无论主题状态如何改变，用户都能收到通知。通过这种方法，用户可以登记自己感兴趣的资源，这些资源由服务器托管；每当资源状态发生变化，所有登记过的用户都会收到服务器发出的异步通知消息。这种方法将信息数量降到最小，确保了更新消息的及时传达。

观测功能可有效与代理的使用相结合。特殊情况下，如果有两个客户端都对同一资源感兴趣，那么代理则会代表客户端扮演观察者的角色。在这种情况下，代理在远程端点上进行登记，一旦代理收到通知，便将这条更新信息转发给所有感兴趣的客户端。这种方式减少了服务器的工作量，服务器无须将同一通知多次发送，从而确保了可扩展性。

9.4.4 CoAP 协议的服务质量

CoAP 协议标准不允许客户端在与服务器交互或创建观测关系时指定所需的服务质量。考虑到服务质量保障对于那些需求信息及时传达的用例非常重要，大量的研究都集中于在 CoAP 协议中引入服务质量机制。其中，大多数研究都侧重于在观测功能中增加服务质量支持。

在文献［27］中，作者提出要通过引入传输优先级来区分通知。具体来说，在每个通知中引入一个传输选项，以便优先级较高的信息优先通过网络进行传输。但是，这并不能为 CoAP 协议客户端提供保障，也不允许客户端设置通知期限。在文献［28］中，作者提出了一种基于代理的架构来克服传感器功能有限的问题。将虚拟化的代理环境作为框架引入，可为客户端群组提供差异化服务。每组通过不同的（虚拟）代理与传感器通信，以透明的方式实现定制化功能，比如，根据客户端群组制定优化 CoAP 协议请求的服务质量策略。

在多个客户端对同一资源感兴趣时，可能会出现每个客户端有不同服务质量要求的情况。实际上，根据观测的情况，如果资源状态变更太频繁，有的客户端可能会选择在短时间内不接收通知，而另一个客户端可能仍然想接收通知，所以要确保端点仍在工作。为了满足这些需求，《用于受限表述性状态传递型环境的重复使用接口定义》的网络草案中为客户端引入了新功能，让其可以通过指定两个连续通知之间的最小周期（P_{min}）和最大周期（P_{max}）来控制观测功能[29]。具体来说，P_{min} 和 P_{max} 分别设置了客户端愿意从服务器接收通知消息的最大和最小频率，从而不受资源状态变化频率的影响。用多种服务质量参数管理同一资源的多个观测关系是非常重要的，通过简单接口来控制观测的受限设备通常不能直接执行这一任务，比如，指定唯一一固定的通知周期，其所指定的结果对所有客户端来说都相同[30]。为克服这一问题，在文献[31]中，作者提出要在客户端和服务器之间部署代理，该代理能代表所有客户端与服务器建立观测关系。每次收到定期通知之后，代理根据客户端各自在最小和最大通知期限中规定的服务质量需求转发给观测者。这种算法可以选择出唯一的通知周期并用在与实际服务器间的观测关系之中，还可计算出满足客户端指定的所有最大和最小周期的时间间隔，用于减少网络中的负载和设备消耗的能量。

9.4.5　消息队列遥测传输协议

消息队列遥测传输协议是一种轻量级的发布/订阅消息传输协议[24]。系统设置默认其通过 TCP/IP 协议运行。但是，它也能部署在任何能提供有序、无损、双向连接的协议之上。消息队列遥测传输协议基于称为代理的中央实体，管理网络中所有可用的主题。特别是，客户端想要分发信息时，会连接代理以在特定主题下发布信息。另外，多个客户端可连接到代理并订阅主题。通过这种方式，每当在特定主题下发布新消息时，代理将相同的消息分派给该主题的所有订阅者，从而实现一对多的信息分布协议。

但需要说明的是，代理对每个接收者的处理是独立的，而主题可以看作对信息的描述。但是消息队列遥测传输协议并不知道信息内容，并且使用的语义是不同的。信息的使用方式取决于客户端，因此客户端之间需要了解此前的信息才能实现 M2M 通信。

9.4.6　消息队列遥测传输协议服务质量

消息队列遥测传输协议根据不同策略提供服务质量支持，以便将信息从发送方传递到接收方。消息队列遥测传输协议支持 3 种服务质量：至多一次传输（QoS 0）、至少一次传输（QoS 1）和只有一次传输（QoS 2）。

当客户端发布信息时，同时定义了服务质量的处理方式。以 QoS 0 要求发布信息时，信息根据底层网络的功能进行传输。接收方不发送响应信息，发送方不执行重试。图 9-4 展示的是信息到达接收方一次或没有到达的情况。相反，按照 QoS 1 的要求，信息至少到达接收方一次。如图 9-5 所示，QoS 1 PUBLISH 报文在其可变标头中包含封包标识符（Packet ID，PID），并由 PUBACK 报文确认。特别应注意的是，发送方会选取未使用过的封包标识符创建信息。在收到针对同一封包标识符的确认信息之前，此类信息将存储在发送方。使用存储消息来管理传输控制协议连接失败的具体情况，使发送方在客户端重新连接时重新发送未确认的数据包。

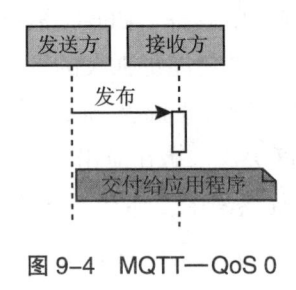

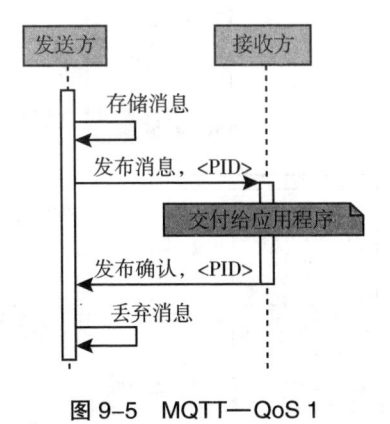

图 9-4 MQTT—QoS 0

图 9-5 MQTT—QoS 1

QoS 2 是服务质量最高的一种，用于不允许信息丢失或重复的情况。因此采取了两步确认的流程，所以与服务质量有关的成本有所增加。这意味着前两条信息与 QoS 1 情况下是相同的，但后面还有两条其他信息。进行第二次交换是为了向接收方确认，发送方将来不需要重新发送原始信息。

9.4.7 oneM2M

oneM2M 是一个着重为物联网系统定义标准架构的国际标准组织[32]，目的是在异构用例中为更多的应用和服务提供支持。oneM2M 技术规范定义了可部署在各种硬件和软件上的水平平台架构，用来将区域内的大量设备与应用连接起来。图 9-6 展示了整个 oneM2M 架构，其中有 4 个不同的逻辑组件（节点）：应用专用节点（application dedicated node，ADN）、应用服务节点（application service node，ASN）、中间节点（middle node，MN）和平台节点（infrastructure node，IN）。应用专用节点和应用服务节点是部署在域内的物联网设备。应用专用节点是执行简单操作的受限设备，如收集数据或触发其他传感器上的操作。不同的是，应用服务节点是功能更强大的设备，能为其他传感器或应用提供更复杂的功能。为支持字段域，oneM2M 标准定义了中间节点（MN），它部署在边缘网络中的 M2M 网关为部署在应用专用节点和应用服务节点上的应用提供服务。在每个 oneM2M 系统中，都有一个平台节点（IN）部署在平台域中，类似于中间节点，但能够与外部 M2M 系统中的平台节点交互。

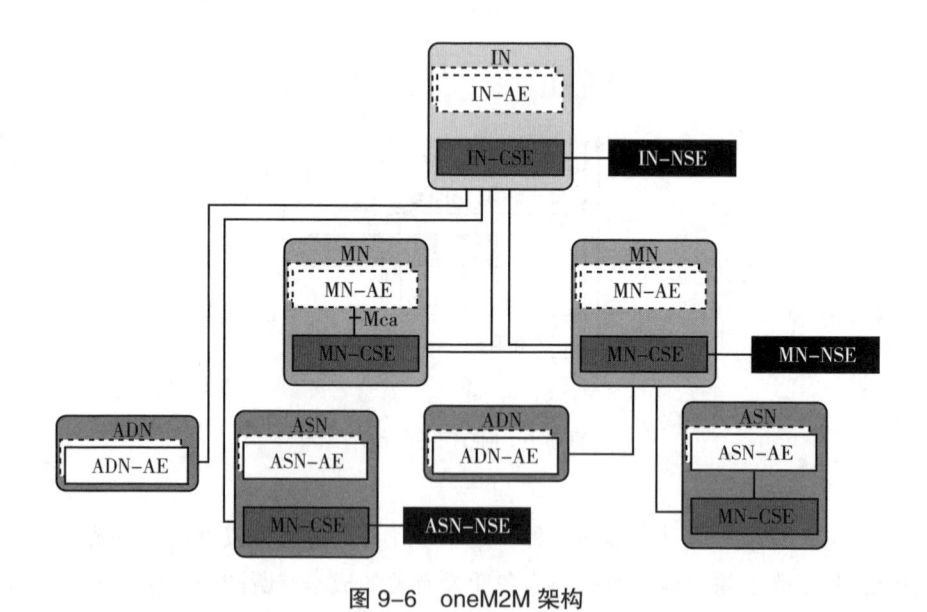

图 9-6 oneM2M 架构

从功能的角度来看，oneM2M 区分为 3 种不同的功能实体：应用实体

（application entity，AE）、公共服务实体（common service entity，CSE）和网络服务实体（network service entity，NSE）。应用实体负责执行 M2M 应用逻辑，始终与公共服务实体相连。实际上，公共服务实体是为应用提供强化服务的功能组件。在其提供的服务之中，值得一提的是数据管理服务和发现服务，数据管理服务用于在应用实体间进行数据交换，发现服务使应用实体发现可连接到其他远程公共服务实体的应用实体。网络服务实体则在底层网络中提供服务，用于管理特定网络功能。

oneM2M 的数据模型是严格基于资源的。所有服务都作为资源公开，每种服务都可以通过唯一的统一资源标识符（URI）寻址。这种方法公开了应用程序的统一接口，隐藏了网络和设备的技术细节。此外，oneM2M 数据模型允许通过标准表述性状态传递接口与物联网设备交互，该接口还公开了用通知（NOTIFY）方法增强的增查改删接口。这种接口使公共服务实体能向其他应用实体发送关于资源变化的异步信息。

oneM2M 规范仅包含对服务质量的最低支持。具体来说，它只可能允许为应用程序请求指定最大响应时间，这仅仅用于删除过时信息。然而，网络服务实体能用来与底层交互以便配置满足服务质量要求的连接、管理设备或触发网络操作等，如唤醒设备或建立从字段域到平台域的通信。此外，物联网设备可以定期通信。因此，网络服务实体也用来在底层网络中优化操作，如延长设备的休眠时间。

9.4.8　BETaaS

BETaaS 是用来开发 M2M 应用的物联网平台[33]，它基于分布式架构而非基于云的中心式架构。BETaaS 是在"BETaaS：构建物联网服务环境"项目中开发的，该项目是欧洲根据第 7 框架计划建立的。BETaaS 平台可作为开源软件使用。

BETaaS 平台为 M2M 应用程序的开发提供了统一的框架。它采用分层结构设计，支持现有系统的集成和平台的可扩展性。平台运行依赖于由本地云节点构成的分布式运行环境，该环境允许应用程序访问与平台连接的智能对象，无论这些对象的技术和物理位置如何。该平台的核心是"物即服务"（Thing-as-a-Service layer，TaaS），它是一个以内容为中心、以服务为导向的接口，以分布式方式部署在所有节点上，向应用程序隐藏分布式环境中的所有细节。现有的M2M系统通过特定的适配器可集成到BETaaS平台，这种适配器能将特定系统提供的接口转化为TaaS层提供的统一接口。服务层为应用程序提供简化接口，支持开发扩展服务和在平台上本机运行的自定义服务，用来扩展平台功能。此外，该平台还能为服务质量、大数据管理和安全等非功能性要求提供内置支持。

BETaaS平台为应用程序提供服务质量支持。考虑到支持物联网平台的应用程序种类多样，想要实现服务质量支持也是一个大的挑战。在一般语境中采用的经典方法是从定义标准服务质量模型入手，以便将服务质量需求分入一组预定义的服务类型之中[34]。BETaaS平台上采用了由三种服务类型构成的简单模式：实时服务（有明确响应时间要求的应用程序）、有保证的服务（响应时间要求灵活的应用程序）和最佳服务（不需要任何保证的应用程序）。同时，灵活性得到了保障，从而允许应用程序在选定的服务类型内通过动态协商定制需求。协商在部署时执行，分为两个阶段：第一，应用程序指定每项服务所需的服务质量参数；第二，在平台内部协商物联网服务，即由物联网提供的基础服务，需要满足应用程序的要求。服务质量协商协议允许应用程序指定所需的服务级别。

为了实施协定好的服务质量需求并对其加以监控，平台定义且执行了服务质量框架，以便在确保资源有效管理的同时，保证履行与应用程序签订的协议。该框架基于预留和分配两个阶段流程，见图9-7。在安装应用程序时，预留阶段有代理负责处理。代理负责管理服务质量协商，执行准入控制，最重要的是管理预留资源。为此，引入了中心组件，其包含所有连入的设备和应用程序请求的信息。另外，分配阶段由每个网关上的本地调度程序负责管理。调度

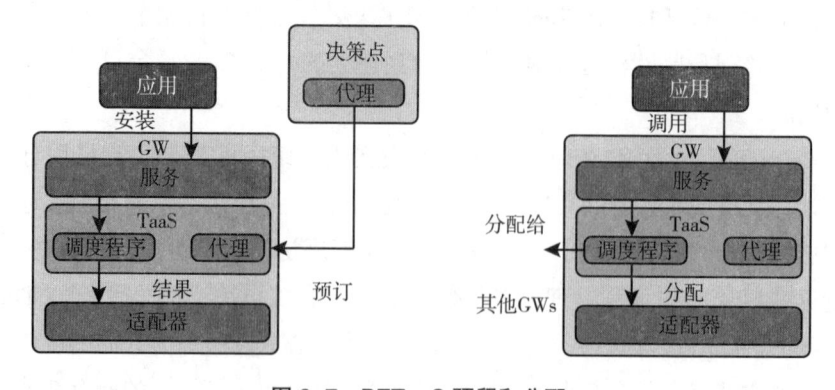

图9-7 BETaaS预留和分配

程序根据预留阶段的结果在调用时执行资源分配。资源分配可以根据不同的优化目标管理资源。文献［35］中描述了一种示例算法，该算法可优化以电池供电的智能传感器的能量效率。无论怎样分配，平台都不会执行任何针对网络层分配的配置服务质量保障机制。有关平台中引入的服务质量框架的详细描述，请参阅文献［36］。

9.4.9 IoT@Work

IoT@Work 是专为制造领域的应用和流程设计开发的物联网平台。该平台专注于提供可靠的通信和安全保障。为此，该平台能够通过配置底层网络，实现应用程序所需要的服务质量保障。

该平台采用发布/订阅信息交互模式，进行设备和应用程序之间的基于软件的实时数据流交互。负责实现服务质量的通信平面是该平台的核心。具体而言，其通过创建名为切片的应用虚拟网络对网络资源进行管理。每个切片都是按需创建的，以满足应用程序服务质量分配要求。切片主要依赖类似于多协议标签交换（MPLS）或虚拟局域网（VLAN）的流量标识机制来满足服务质量需求。用这种跨层级的方法与网络堆栈进行交互，是为了在网络设备上配置路径，并保障服务质量（如优先级和带宽）。

如图 9-8 所示，IoT@Work 通过切片管理器系统实现这种交互。切片管理器负责为通信端点的应用程序提供网络抽象，这些通信站点不会感觉到这种抽象存在。它还必须通过配置应用程序与端点之间的路径来强制实现网络的服务

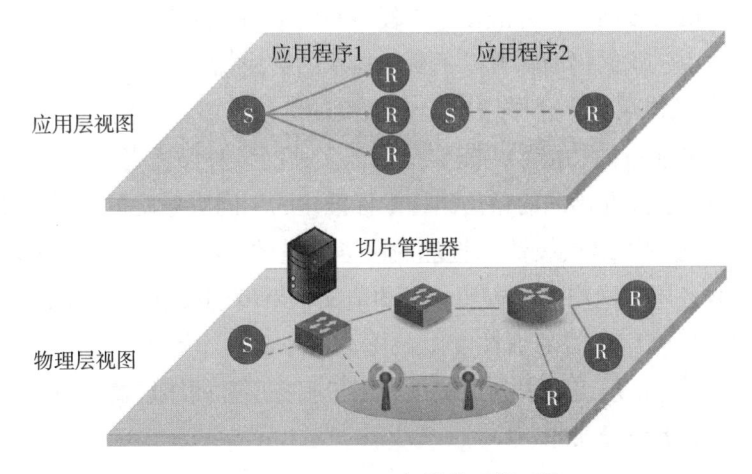

图 9-8　IoT@Work 切片管理器系统

质量属性。应用程序与切片管理器进行交互，通过服务等级协议合约（SLA）指定服务质量要求。然而，切片管理器是一个集中式实体，不能执行任何资源分配操作。

9.5 未来研究方向

尽管为物联网网络提供的网络层服务质量保障不仅可作为协议规范，而且能应用到真实的操作之中，但当前的物联网平台的很多功能仍然未被开发出来，这些平台仍然没有完整的跨层服务质量保障。

在所有的物联网平台当中，与更注重进行资源管理或网络管理相比，许多设计了服务质量保障的平台实际并未包括全面的服务质量保障功能。以BETaaS平台为例，提供给应用程序的服务质量保障功能并未利用网络层提供的服务质量保障特性，而是通过进行适当的资源管理和对应用程序请求进行恰当分配来实现，同时平台也没有意识到网络在整个应用程序服务层中所做的贡献。但这种贡献是不可忽略的，特别是在网络部署方面，如大型多跳无线网络部署等，若没有网络作用的有效发挥，可能会造成大规模通信延迟和数据丢失。另外，IoT@Work平台主要关注网络资源管理，未对应用程序需求进行恰当的服务质量保障管理。这可能导致物联网设备的不均衡使用，从而造成阻塞或妨碍服务质量要求。

通过跨层级的方法为物联网应用程序提供服务质量保障解决方案是将来的一个重要研究方向，该方法在应用程序和网络两个层面均能满足服务质量要求。确切地说，我们仍面临着以下科学技术的挑战。

（1）定义物联网平台中服务质量保障的跨层级参照架构，以便利用通信网络提供服务质量的功能。仍需要能保证多种网络协议适当集成的解决方案，用来处理当前已经在不同的通信架构中标准化的不同服务质量模型和接口。

（2）开发用于跨层级资源管理的服务质量的实施算法。具体来说，为了管理来自服务层和网络层的资源，必须定义创新型解决方案或修改现有算法，以便实现应用程序所需的细粒度服务质量保障要求。例如，定义一个新的算法，将应用程序高层级要求分别转化为用于服务层和网络层的低级要求，以便提供更好的服务质量保障。

参考文献

[1] Z. Chen, C. Wang, Use Cases and Requirements for using Track in 6TiSCH Networks, IETF Internet Draft

[2] K. Pister, P. Thubert (eds.), S. Dwars, T. Phinney, Industrial Routing Requirements in Low-Power and Lossy Networks, RFC 5673

[3] Wenye Wang, Xu Yi, Mohit Khanna, A survey on the communication architectures in smart grid. Comput. Netw. 55(15), 3604–3629 (2011)

[4] D. Niyato, L. Xiao, P. Wang, Machine-to-machine communications for home energy management system in smart grid. IEEE Commun. Mag. 49(4), 53–59 (2011)

[5] IEEE Standard Communication Delivery Time Performance Requirements for Electric Power Substation Automation, in *IEEE Std 1646-2004*

[6] V.C. Gungor et al., Smart grid technologies: communication technologies and standards. IEEE Trans. Industr. Inf. 7(4), 529–539 (2011)

[7] Ó. Gama et al., Quality of Service Support in Wireless Sensor Networks For Emergency Healthcare Services, in *2008 30th Annual International Conference of the IEEE Engineering in Medicine and Biology Society* (IEEE, 2008)

[8] N. Chevrollier, N. Golmie, On the Use of Wireless Network Technologies in Healthcare Environments. White Paper—U.S Department of Commerce, July 2005

[9] M.M. Baig, H. Gholamhosseini, Smart health monitoring systems: an overview of design and modeling. J. Med. Syst. 37(2), 9898 (2013)

[10] D. Chen, M. Nixon, A. Mok, *WirelessHART: Real-Time Mesh Network for Industrial Automation* (Springer Publishing Company, Incorporated, 2010)

[11] M. Collotta, G. Pau, G. Scatà. Deadline-aware scheduling perspectives in industrial wireless networks: a comparison between IEEE 802.15.4 and Bluetooth. Int. J. Distrib. Sens. Netw. 2013 (2013)

[12] P. Soldati, H. Zhang, M. Johansson, Deadline-Constrained Transmission Scheduling and Data Evacuation in WirelessHART Networks, in *2009 European Control Conference (ECC)*, Budapest (2009), pp. 4320–4325

[13] P. Thubert, An Architecture for IPv6 over the TSCH mode of IEEE 802.15.4, IETF Internet Draft

[14] Q. Wang, X. Vilajosana, 6top Protocol (6P), IETF Internet Draft

[15] S. Shah, P. Thubert, Differentiated Service Class Recommendations for LLN Traffic, IETF Internet Draft

[16] M.R. Palattella et al., On-the-fly bandwidth reservation for 6TiSCH wireless industrial networks. IEEE Sens. J. 16(2), 550–560 (2016)

[17] N. Accettura et al., Decentralized traffic aware scheduling in 6TiSCH networks: design and experimental evaluation. IEEE Internet Things J. 2(6), 455–470 (2015)

[18] J. Decuir, Introducing Bluetooth smart: part II: applications and updates. IEEE Consum.

Electron. Mag. 3(2), 25–29 (2014)

[19] J. Nieminen et al., IPv6 over Bluetooth Low Energy, RFC 7668, October 2015

[20] J. Nieminen et al., Networking solutions for connecting bluetooth low energy enabled machines to the internet of things. IEEE Netw. 28(6), 83–90 (2014)

[21] C.F. Hsu, C.Y. Liu, An adaptive traffic-aware polling and scheduling algorithm for Bluetooth Piconets. IEEE Trans. Veh. Technol. 59(3), 1402–1414 (2010)

[22] Z. Shelby, K. Hartke, C. Bormann, The Constrained Application Protocol (CoAP), RFC 7252, June 2014

[23] Data Distribution Service (DDS), Version 1.4 (2015)

[24] MQTT Version 3.1.1. Edited by Andrew Banks and Rahul Gupta. 10 April 2014. OASIS Committee Specification Draft 02/Public Review Draft 02

[25] The Real-time Publish-Subscribe Protocol (RTPS) DDS Interoperability Wire Protocol Specification, Version 2.2 (2014)

[26] K. Hartke, Observing Resources in the Constrained Application Protocol (CoAP), RFC 7641, September 2015

[27] A. Ludovici, E. Garcia, X. Gimeno and A. Calveras Augé, Adding QoS Support for Timeliness to the Observe Extension of CoAP, in *2012 IEEE 8th International Conference on Wireless and Mobile Computing, Networking and Communications (WiMob)*, Barcelona (2012), pp. 195–202

[28] E. Mingozzi, G. Tanganelli, C. Vallati, CoAP Proxy Virtualization for the Web of Things, in *IEEE International Conference on Cloud Computing Technologies and Science (CloudCom)*, Singapore, 15–18 December 2014

[29] Z. Shelby, M. Vial, M. Koster, Reusable Interface Definitions for Constrained RESTful Environments, draft-ietf-core-interfaces-04, October 2015

[30] M. Kovatsch, O. Bergmann, C. Bormann, CoAP Implementation Guidance, draft-ietf-lwigcoap-03, January 2016

[31] G. Tanganelli, E. Mingozzi, C. Vallati, M. Kovatsch, Efficient Proxying of CoAP Observe with Quality of Service Support, in *Proceedings of the IEEE 3rd World Forum on Internet of Things (IEEE WF-IoT 2016)*, Reston (VA), USA, December 12–14, 2016

[32] TS-0001-oneM2M-Functional-Architecture, -V2.10.0 (2016)

[33] C. Vallati, E. Mingozzi, G. Tanganelli, N. Buonaccorsi, N. Valdambrini, N. Zonidis, B. MartÃ-nez, A. Mamelli, D. Sommacampagna, B. Anggorojati, S. Kyriazakos, N. Prasad, F. Nieto De-Santos, O. Barreto Rodriguez, BETaaS: A Platform for Development and Execution of Machine-to-Machine Applications in the Internet of Things, in *Wireless Personal Communications*, Published on line 13 May 2015

[34] R. Liu et al., M2M-Oriented QoS Categorization in Cellular Network, in *Proceedings of the 2011 7th International Conference on Wireless Communications, Networking and Mobile Computing* (2011)

[35] G. Tanganelli, C. Vallati, E. Mingozzi, Energy-Efficient QoS-aware Service Allocation

for the Cloud of Things, in *Proceedings of the IEEE Workshop on Emerging Issues in Cloud (EIC 2014)—co-located with IEEE CloudCom 2014,* Singapore, 15–18 December 2014

[36] E. Mingozzi, G. Tanganelli, C. Vallati, A Framework for QoS Negotiation in Things-as-a-Service oriented Wireless Communications, in *Proceedings of the 4th International Conference on Wireless Communications, Vehicular Technology, Information Theory and Aerospace & Electronic Systems (Wireless VITAE 2014),* Aalborg, Danemark, 11–14 May 2014

第 10 章
无线传感器网络——物联网基础设施

阿扎德赫·扎玛尼法

摘要：在本章中，我们将以互联网协议为基础的移动无线传感器网络作为物联网的重要基础设施之一。在基于互联网协议的移动无线传感器网络中，保持移动节点与网络的连接是一项非常大的挑战。对大多数将时间作为关键因素的应用程序来说，如医疗保健，这是一个非常重要的问题。另一个需要考虑的因素是降低个人局域网（PAN）之间和内部的传输成本。这能降低移动节点的功耗，是本文探讨的另一个重要问题。

10.1 物联网应用程序和无线传感器网络的规则

近年来，随着先进数字设备的数量急剧增加，被称为第三次信息技术革命的物联网时代已经到来[10]。由于物联网的出现，6LoWPAN 最近也迎来了新的发展机会。然而，对于未来大规模物联网基于互联网协议的传感器技术来说，6LoWPAN 的移动性支持仍处于初期阶段。物联网范式近年来在理论和实践领域都吸引了广泛关注[2, 7, 20, 27]。无线传感器网络（Wireless Sensor Networks，WSN）作为物联网技术的基础，将大量在空间分布的自主传感器集成到一个网络中，通过无线通信在同一网络或不同的网络中协同传递数据[12, 14, 19, 22]。

医疗保健作为一项重要的 6LoWPAN 物联网应用，需要在病患移动时仍持续进行生命体征监测[22]。鉴于医疗保健服务的重要性，病患的节点与医院/疗养院网络之间的连接需要复杂的移动管理机制来保持，以实时监测病患的准确位置。这些机制还应在对传感设备的能耗进行优化的同时支持容错[15, 20]。

在典型的医疗保健系统中，监测病患不同的生命特征参数一般采用多种移动传感器节点。在无处不在的健康监测中，一些最常用的传感器包括：脉搏氧饱和度传感器、血压（BP）传感器、血糖水平传感器、用于监测心脏活动的心电图（ECG）传感器、用于监测肌肉活动的肌电图（EMG）传感器、用于监测脑电活动的脑电图（EEG）传感器、温度传感器、核心体温和皮肤温度传感器、用于监测呼吸的呼吸传感器[17]。物联网医疗保健为移动节点和远程服务器之间提供了双向通信，这在传统的医疗保健系统中是不可能实现的。

物联网医疗保健系统也面临典型无线传感器网络通常会遇到的挑战，如功率限制。传感器节点的功率受限是每个无线传感器网络的主要问题之一。另外，医疗保健系统这类以安全性为重要考量因素的应用程序还面临一些其他在传统传感器网络中并不是主要问题的重要挑战，在常见的医疗保健系统中一个主要问题是提供紧急情况的实时响应，如心脏病发作或突然晕倒这样的情况均需要在短时间内识别确认并报告[1]。医疗保健系统中的另一个重要问题是移动节点与网络的持续连接。

为应对医疗保健系统所面临的功耗受限等问题，静态节点被部署在监测区。与移动传感器节点相比，静态节点的功率限制较少。若没有这些静态节点，移动节点则应直接与接入点/网关通信。因此，移动节点与接入点之间存在的距离消耗了移动节点大量功率[4]。

对基于互联网协议的移动传感器管理通常有两种方法：①部署管理移动节点的静态节点，适用于基础设施环境较差的网络；②移动节点与接入点之间直接通信，适用于基础设施较完善的网络。在后一种情况下，部署的多个接入点可减少移动节点的能量消耗，因为接入点与移动节点之间的距离减少了[4]。但是，由于成本效益问题，网络基础设施并不总是完善的。

10.2 移动管理

在典型的物联网应用场景中，物联对象通常是移动的。因此，为了物体能通过网关与互联网保持连接，有必要制定合理的移动管理协议[29]。因为移动医疗保健系统能够为人们改善健康状况、增加福祉和提供便利，所以引起了公众的广泛关注[5, 14, 15]。据预测，目前以医院为中心的医疗环境将转变为医院—家庭均衡分担的状况[16]，并最终于2030年转为以家庭为中心。在高端系统的设计中，能否提供有效的移动管理至关重要，有效的移动管理能使移动节点与网关之间始终保持连接[6, 18]。

无线传感器网络中有两种移动：宏观移动和微观移动。不同网络域之间的节点移动为宏观移动，而同一网络域间的节点移动为微观移动。本节简要介绍了几种基于单跳或多跳网状路由的移动管理解决方案。此外，移动管理协议或是基于网络或是基于节点，这通常依据实体承担移动成本进行定义。如上所述，路由对移动性管理有直接影响。网状路由协议在中间节点中不需要任何数据缓冲，因此其消耗的功率更低，延迟更少。但是，如果网络不可信且只丢失了一个数据包，那么该信息所在的所有碎片数据包都必须从数据源到目的地重新传输。在远程启动服务（RPL）等路由解决方案中，路由在网络层中完成，使其更加可靠，因为每个中间节点都接收所有帧并在网络层重新组装。

10.2.1 整体移动方向预测方法

在包含移动传感器节点的基于 IP 的传感器网络中，现有的移动预测方法通常基于特定的硬件。在这种情况下，主要测定方式通常使用到达的角度（angle of arrival，AoA）来计算[11, 23-26]。但是，这些方法都需要特定的硬件设施，这些设施在实际应用中并非随时可用，如定向天线之类的硬件设施很容易发生故障，在静态节点发生故障的情况下，相应的方法没有考虑自我修复机制。因此，静态节点发生故障会导致移动节点的网络断开连接。与此同时，如果移动节点的方向突然改变，该方法无法确定正确的移动方向。此外，预估移动节点和静态节点之间的角度和距离非常容易受噪声影响，因为其依赖于接收的信号强度指示。在基于链路质量指标的方法中，检测移动方向只能通过广播并测量信息的链路质量指标来进行，这些信息在移动节点和与其相邻的静态节点之间进行交换。这种方法需要经过很多次信息交换，这在引起不当延迟的同时降低了移动节点的生命周期[3, 9, 11, 13, 30]。

还有一种基于机器学习的方法，用于预测移动节点在基于 IP 的传感器网络中的移动方向[28]。使用机器学习进行移动预测的方法能够降低网络维护成本。基于机器学习模型进行移动方向预测，通常需要在线检测移动方向，这种在线方法在交互过程中所需的计算和通信成本较高。一种称为物联网分配自愈移动预测的新方法则是使用隐半马尔可夫模型来预测移动节点的移动方向，这是一种考虑了基于 IP 的移动无线传感器网络中静态节点失效的方法。

10.2.2 DSHMP：以学习为基础的移动方向预测方法

在监控区域，如老房子里，我们建立了有 n 个移动节点和 m 个静态传感器的基于 IP 的移动无线传感器网络。该区域将分为 $\log m$ 个等大的单元格。通过建立 DSHMP-Tree 树形结构，每个位于单元格中的静态节点都像是这棵树上一片特定的叶子。之前用来当 DSHMP-Tree 叶子的静态节点位于单元格之间预定的位置，用来将叶子连接到网关。静态节点被部署为二叉树，用来减少移动对象移动期间的切换。每个移动节点通过最近的静态节点（称为候选节点）将数据发送到网关。候选节点周期性检查移动节点的状态以了解其移动情况。图 10-1 展示了这种移动预测方法实施的步骤。在训练阶段，病患的追踪数据由 DSHMP-Tree 收集并转发到网关，并构建了两个如表格一样的隐半马尔可夫模型。为使模型分布在所有静态节点上，两个表格被进一步分为子表，每个子表都携带必要的数据，用于预测病患在该区域中每个单元格的移动方向。这些子表通过 DSHMP-Tree 被转发，并存储在所有位于每个单元格中的静态叶子节点上。

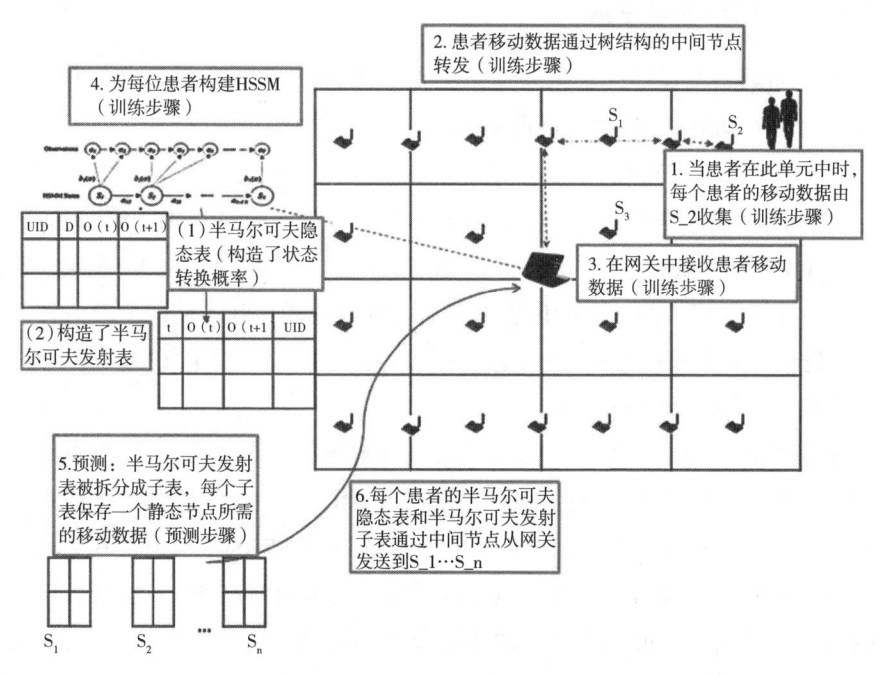

图 10-1 基于 DSHMP-Tree 算法的 DSHMP-IOT 移动预测

该方法包括 4 个主要部分：初始设置（包括树形构建和移动数据收集）、移动预测、移动管理和自愈，分别将在以下各节中进行介绍。

在训练或数据收集阶段，移动方向预测没有技巧可用，节点的移动方向都是通过接收的信号强度和链路质量进行检测。每个包含 8 片叶子的子树都认为是隐半马尔可夫模型的单一隐藏状态。每个单元格对应一个输出或观察所得。我们将对不同的子树大小进行分析。在我们的研究中，对包含 8 片叶子的子树进行移动方向预测所得的结果准确性更高。在疗养院中，每部分区域都与病患在一天中特定时间进行的活动相关，因此，选择子树作为隐藏状态。这种逻辑划分体现了病患在某种持续状态下进行的相似活动。树的每片叶子在训练阶段结束之后都会有一个独立模型从网关发送并作为适当的表格转发给节点。在测试阶段，每当病患打算从当前单元格移动到另一区域，该方法都会通过在当前候选节点的对应表格中查找相关信息触发移动预测功能，并识别移动方向。

10.2.3 节将介绍建立 DSHMP-Tree 的初始设置。10.2.4 节中，我们基于所建造的树，生成并分配移动预测模型。10.2.5 节中对移动管理进行了描述。10.2.6 节对静态节点失效时的自我修复机制进行了描述。

10.2.3　初始网络设置

在初始网络设置中，首先放置静态节点 DSHMP-Tree（详见后文静态节点布局），然后介绍树的构建，最后说明移动数据的收集。

10.2.3.1　静态节点布局

监视区可看作一个有 X/Y 坐标的笛卡尔坐标系，原点是该区域的左下角。参数 K 表示当前的树层级，L 表示单元格的长度，单位为平方米。首先，定位放置在每个单元格中间叶子的位置。然后，构建每两个叶子的父节点，父节点的 x 值是其子节点 x 值的中间值，y 值是子节点 y 值加 1/2 的单元格长度。最后，依次构建更高层级的静态节点。

节点部署完成后，每个节点都能找到其对应的父节点和子节点。表 10-1 展示了静态节点和移动节点的地址架构。DSHMP-Tree 每一层级中地址对应的树都是不同的。树的根发送其子节点地址。树部分对应的子地址是其父地址左子节点对应的树的两倍，是其父地址右子节点的树的两倍加 1。然后，接收地址的每个子节点以类似的方式发送本子节点的地址。这是以递归方式完成的，直到树的叶子为其自身设置的 ID。

表 10-1　IPv6 地址结构

96 bits	16 bits	8 bits	8 bits
全局路由前缀	子面板	树	节点 ID

10.2.3.2　构建 DSHMP-Tree

这种方法对于由病患移动所引起的切换尤其有用，也便于路由移动节点发送数据到网关。为构建 DSHMP-Tree，监视区域被分成大小相同的单元格。换句话说，疗养院由一组长度为 L 的单元格组成。

DSHMP-Tree 的叶子负责管理移动节点的移动，并接收/转发移动节点的数据给它们的父节点，叶子节点并不作为中间设备对两个父子节点之间数据进行接收和转发。如图 10-2 所示，为了简便，我们用简单的数字和字母来指定

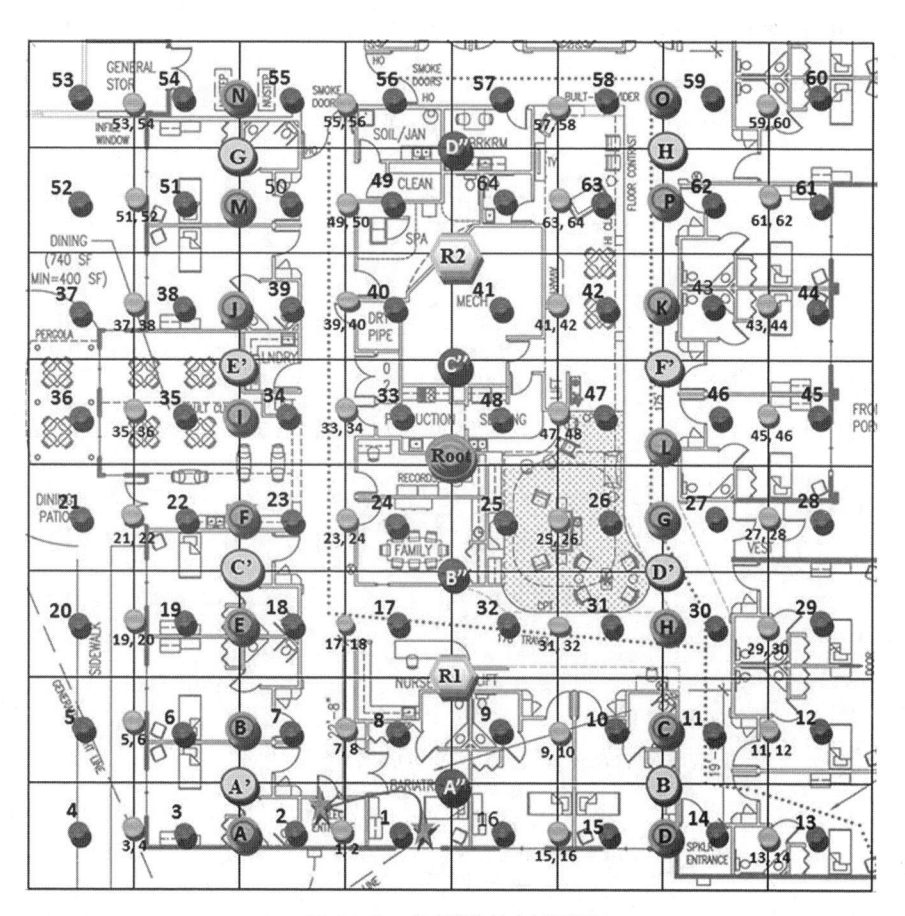

图 10-2　初始设定：树形图

DSHMP-Tree 中的节点。同样，出于简化的目的，在本章的其余部分中，我们也交替使用单元格 ID 和对应叶子静态节点的 ID 来表示节点。为展示 DSHMP-Tree 中的转发流程，请参照图 10-2 中单元格 1 里的移动节点。显然，静态节点 1 是移动节点的候选节点，其负责将移动节点的数据 d 转发给节点（1, 2），节点（1, 2）再将数据转发给节点 A。数据将转发至节点 A′，再由节点 A′ 发送给节点 A″。然后数据被转发给节点 R，节点 R 将其发送到树的根。如图 10-2 所示，我们假设将监控区域分成 n 个大小相等的单元格。

比如，将面积为 M 平方米的老房子作为监视区，我们假设将其分为 n 个单元格，每个单元格长度为 l。由于每个静态传感器能看到其相邻传感器，所以 l 的长度等于叶子节点通信范围的 $1/(2 \times \sqrt{2})$。上述关系可表述为 $m = n \times l \times l$。

图 10-2 中的 DSHMP-Tree 有 64 个叶子节点和 127 个静态节点，形式化描述如图 10-3 所示。

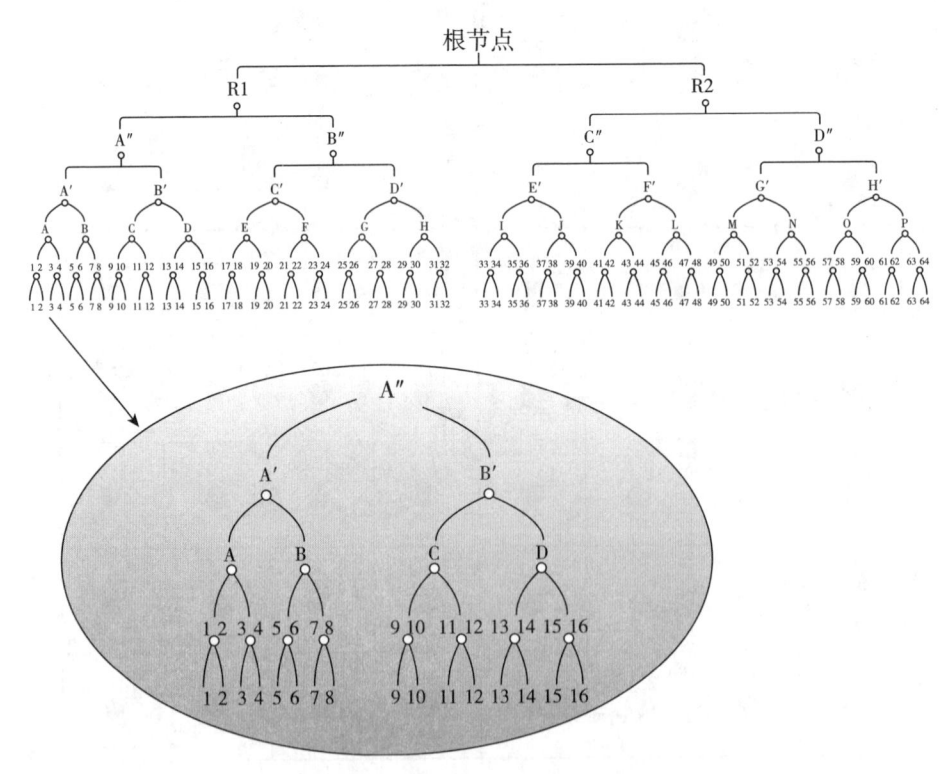

图 10-3 基于 DSHMP-Tree 的监控

10.2.3.3 移动数据采集

在训练过程特定时期内收集的数据具备以下要素：一天中的某个时间、患者在单元格中停留的持续时间和患者所在的单元格中的当前静态传感器 ID。在训练或数据收集阶段，移动方向预测没有使用过多的技术，节点的移动方向都是通过接收的信号强度指示和链路质量进行检测的。

10.2.4 移动预测

本节我们将详细介绍如何进行移动预测。10.2.4.1 节对模型构建进行了描述。10.2.4.2 节描述了在训练阶段之后生成的数据模型如何分布在 DSHMP-Tree 的叶子上。通过运用隐半马尔可夫模型，我们对在训练期间从指定患者的运动中收集的数据进行建模，便可实现移动预测。

10.2.4.1 移动预测模型构建

我们用在 Cooja 环境中通过模拟网络收集而来的模拟运动数据构建模型[8]。这些数据包含每位患者在一天中不同时间的运动序列。为此，每当患者从一个单元格移动到另一个单元格时，移动数据将通过 DSHMP-Tree 发送给网关。我们还记录了在相应状态下停留的总时间。当前和接下来的状态，即当前和接下来传感器的曾祖父节点 ID 也会发送给网关。在记录移动的基础上，我们可以获得在单元格中停留的最小持续时间。该最小持续时间便是在模型训练之中的时间步长。此外，在某个状态中停留的总时间也会通过每个子树（状态）的根发送给网关。

如前所述，每个移动节点通过候选节点将其数据发送到网关。因此，通过这种训练过的模型，当移动节点将要移动时，移动节点将转移到相邻的最有可能的单元格中。但它不需要在候选节点和其他附近节点之间进行通信，也不需要定向天线。

10.2.4.2 移动模型分布

在本节中，对该模型的结构和模型分布方式进行解释，网关处的半马尔可夫隐态表（semi-Markov hidden states，SHS）和半马尔可夫发射表（semi-Markov emission，SEM）具备以下属性。

（1）半马尔可夫隐态表：当前隐藏状态，下一个隐藏状态，持续时间，用户 ID。

（2）半马尔可夫发射表：用户 ID，下一个单元，时间步长，当前单元。

该表确定了下一次输出（传感器 ID 位于其中一个相邻单元格中）。

在网关处构建模型之后，对应的半马尔可夫发射子表将被转发到相关的叶子节点。对于每个叶子节点 a，半马尔可夫发射表中那些当前 Cell 列值为 a 的行将被分配给子表。

10.2.5 移动管理——早期阶段

在本节中，我们仅关注与移动预测相关的移动管理。图 10-4 描述了移动管理算法（仅包含识别移动方向的移动检测和对错误预测的校正）。每一小节都描述了上述算法以及相关的关键伪代码。

```
1.PrevCandidate node detects the movement of mobile node
2.PrevCandidate node sends NN message to predicted candidate node
3.Predicted candidate node sends CandidateReq message to mobile node
4.If Mobile node receives CandidateReq message then
5.Mobile node sends CandidateRes message to predicted candidate node i
6.i sends NNACK to previous candidate node
7.Else
8.It broadcasts FindCandid message containing(PevCandidatenodeID, PredictedCandidatenodeID)
9.Any static node i that receive the FindCandidReq message from mobile node calculate RSSI
10.If the calculated RSSI is above some threshold
11.they send CandidateResponse Message to mobile node
12.i: the static node with the highest RSSI sends NNACK to previous candidate node
13.PrevCandidate node send the previous and current hidden state(room) to i
14.EndIf
15.EndIf
```

图 10-4　移动性管理算法

（运行检测，确定运动方向，从错误预测中恢复）

10.2.5.1 移动检测

为检测移动节点的移动，候选节点按特定时间间隔向移动节点发送信息并计算接收的信号强度指示。每当信号接收的信号强度指示低于阈值时，候选节点便会检测到移动节点移动行为。候选节点还将经过的时间步长发送至下一个可能的单元格（新的候选节点）。

10.2.5.2 确定移动方向

如图 10-4 所示，一旦候选节点检测到移动节点（第 1 行）的运动，就会向预测到的候选节点（第 2 行）发送 NN 信息将其唤醒。当前候选节点也会将时间步长发送给预测候选节点。预测的候选节点收到 NN 信息后，向移动节点（第 3 行）发送候选请求（CandidateReq）信息。如果移动节点收到候选请求（CandidateReq）信息，便会将 CandidateRes 发送给预测候选节点，后者将 NNACK 信息发送至前一个候选节点（第 5~6 行）。

10.2.5.3 错误预测恢复

为修正预测错误，DSHMP-IOT 中包含了恢复机制，详见图 10-4。如果移动节点在特定时段内未收到候选请求（CandidateReq）信息，将发送包含其前一个候选节点（第 7~8 行）ID 的 FindCandidReq 信息。若该信息的接收的信号强度指示高于特定阈值，则收到 FindCandidRes 信息的相邻静态节点将该信息发送至移动节点。在移动节点处，选择接收的信号强度指示最大的节点 ID（在所收到的信息中），将其作为移动节点的新候选节点，并向该移动节点的前一个候选节点（第 9~12 行）发送 NNACK 信息。前一个候选节点向新认定的候选节点发送此前和当前的隐藏状态，因为这些数据需要用于预测移动节点（第 13 行）下一次移动的单元格。

10.2.6 自愈

由于电池问题，静态节点可能会发生故障或失灵，同时通信链路也有损坏的可能。这将导致移动节点与网关的连接断开。此外，由于所提出的方法中包含的叶子节点能对部分移动预测模型进行维护，静态节点故障可能会导致相应数据丢失。为恢复静态节点故障，我们主动为每个静态节点确定了替代节点，同时还负责维护每个替代节点中移动预测模型的副本。

10.2.6.1 确定替代节点

在网络初始设置阶段或网络配置发生变化时，我们主动为 DSHMP-Tree 的每个节点从相邻节点中选择替代节点。如果是叶节点以外的节点发生故障并被检测到，那么替代节点会在故障发生后负责恢复网络。为确定替代节点本节提出了以下算法。

（1）如果给定的节点 x 只有一个子节点 y 在 x 的父节点范围内，那么发生故障时则将该子节点作为其父节点的替代节点。

（2）如果给定的节点 x 有两个子节点都在 x 的父节点范围内，则选择距离更近的子节点作为 x 的替代节点；如果两个子节点与 x 的父节点距离相等，则选择 ID 较小的作为替代节点。例如，节点 A 的替代节点可以是节点（1，2）或节点（3，4），因为这两个节点距离节点 A 的父节点 A′ 的距离相等。再举一个例子，节点 R_1' 的替代节点是 R_2，因为 R_2 距离根更近。

（3）位于每个单元格中的叶子节点，其替代节点是其父节点。例如，节点 1 的替代节点是节点（1，2）。

为了给每个静态节点提供替代节点，静态节点必须有不同的通信范围。为此，相比较低层级的节点，较高层级的静态节点需要更广的范围。高层级节点拥有更广阔的范围可防止较低级别的静态节点或移动节点与网关断开。

10.2.6.2 检测并恢复静态节点故障

为处理给定静态节点的故障问题，自愈算法如图 10-5 所示，树中的每个节点都必须受其父节点（第 1 行）监控。基于我们设计的自动寻址方案，相关信息在初始设置阶段便已预置。检测到相邻节点故障的节点将包含其 ID 的恢复信息发送给故障节点的父节点、姊妹节点（第 3、第 4 行）和替代节点。这些节点收到信息（第 5、第 6 行）后，便会更新它的表。如果故障节点的父节点和子节点都收到了恢复信息，且故障节点又是它们现在的替代节点（第 7 行），那么它们也会重新计算新的替代节点。新的替代节点也会更新相应的父/子表（第 8、第 9 行）。如果树叶的替代节点发生变化，树叶的 EM 表必须发送给新的替代节点（第 11~12 行）。算法详见图 10-5。

自愈算法

HEAL (node A)
 {
 1.Node *A* periodically send ALIVE message to parent (A)
 2.If parent (A) do not receive ALIVE message from node A
 3.node B= (substitute of A)
 4.B broadcasts RECOVER message
 5.child (parent (A))=B
 6.child (B) =sibling (B)
 7.parent (A), B, child (B) Recalculate substitute node
 8.parent (child (B))=B
 9.parent (B)=parent (A)
 10.If B is LEAF or child (B) is LEAF
 11.Send MovementPredictionData (B) to substitute of B
 12.Send MovementPredictionData (child (B)) to B
 13.Endif
 14.Endif
 }

图 10-5　静态节点自愈算法

图 10-6 展示了两个静态节点（5，6）和节点 5 发生故障后，网络恢复的例子。根据上述算法，节点 5 将成为节点 6 的父节点。如果节点 5 发生故障，节点 B 将成为节点 6 的父节点。总的来说，叶节点的替代节点是其父节点，树中中间节点 x 的替代节点是其距离 x 父节点较近的子节点之一。

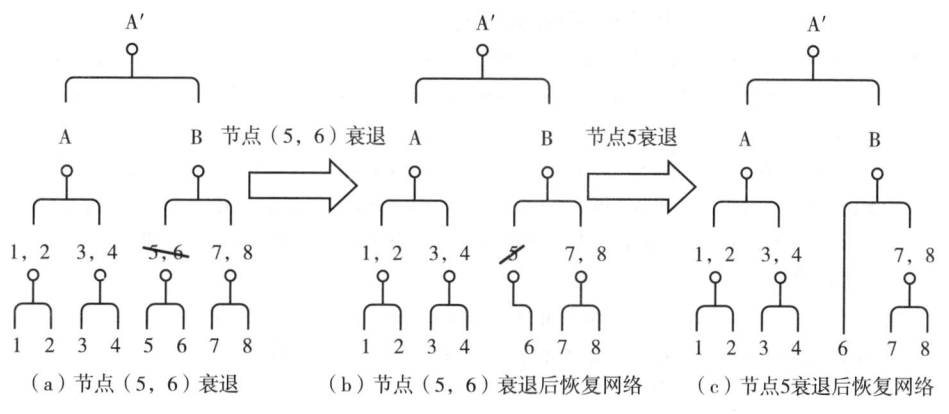

（a）节点（5，6）衰退　　（b）节点（5，6）衰退后恢复网络　　（c）节点 5 衰退后恢复网络

图 10-6　网络恢复示例

参考文献

［1］H. Alemdar, C. Ersoy, Wireless sensor networks for healthcare: a survey. Comput. Netw. 54(15), 2688–2710 (2010)

［2］L. Atzori, A. Iera, G. Morabito, The internet of things: a survey. Comput. Netw. 54(15), 2787–2805 (2010). doi:10.1016/j.comnet.2010.05.010

［3］G. Bag, M.T. Raza, K.H. Kim, S.W. Yoo, LoWMob: intra-PAN mobility support schemes for 6LoWPAN. Sensors 9(7), 5844–5877 (2009)

［4］M. Bouaziz, A. Rachedi, A survey on mobility management protocols in wireless sensor networks based on 6LoWPAN technology. Comput. Commun. 52 (2014). doi:10.1016/j.comcom. 2014.10.004

［5］N. Bui, M. Zorzi, Health care applications: a solution based on the internet of things, in *Proceedings of the 4th International Symposium on Applied Sciences in Biomedical and Communication Technologies*, pp. 131:1–131:5 (2011)

［6］E. Callaway, P. Gorday, L. Hester, J.A. Gutierrez, M. Naeve, B. Heile, V. Bahl, Home networking with IEEE 802.15.4: a developing standard for low-rate wireless personal area networks. Comm. Mag. 40(8), 70–77 (2002)

［7］A. Dohr, R. Modre-Opsrian, M. Drobics, D. Hayn, G. Schreier, The internet of things for ambient assisted living, in *2010 17th International Conference on Information Technology: New Generations (ITNG)*, pp. 804–809 (2010). doi:10.1109/ITNG.2010.104

[8] J. Eriksson, F. Österlind, N. Finne, N. Tsiftes, A. Dunkels, T. Voigt, R. Sauter, P.J. Marrn, COOJA/MSPSim: interoperability testing for wireless sensor networks, in *Proceedings of the 2nd International Conference on Simulation Tools and Techniques*, pp. 1–7 (2009). doi:10.4108/ICST.SIMUTOOLS2009.5637

[9] H. Fotouhi, M. Alves, A. Koubaa, N. Baccour, On a reliable handoff procedure for supporting mobility in wireless sensor networks, in *9th International Workshop on Real-Time Networks* (2010)

[10] V. Gazis, K. Sasloglou, N. Frangiadakis, P. Kikiras, Wireless sensor networking, automation technologies and machine to machine developments on the path to the internet of things, in *2012 16th Panhellenic Conference on Informatics (PCI)*, pp. 276–282 (2012)

[11] M. Ha, D. Kim, S.H. Kim, S. Hong, Inter-mario: a fast and seamless mobility protocol to support inter-pan handover in 6LoWPAN, in *2010 IEEE Global Telecommunications Conference (GLOBECOM 2010)*, pp. 1–6 (2010)

[12] S. Hong, D. Kim, M. Ha, S. Bae, S.J. Park, W. Jung, J.E. Kim, SNAIL: an IP-based wireless sensor network approach to the internet of things. IEEEWirel. Commun. 17(6), 34–42 (2010)

[13] M.M. Islam, E.N. Huh, Sensor proxy mobile IPv6 (SPMIPv6)-a novel scheme for mobility supported IP-WSNs. Sensors 11(2), 1865–1887 (2011). doi:10.3390/s110201865

[14] A. Jabir, S. Subramaniam, Z. Ahmad, N. Hamid, A cluster-based proxy mobile IPv6 for IPWSNs. EURASIP J. Wirel. Commun. Netw. (1) (2012). doi:10.1186/1687-1499-2012-173

[15] N. Khalil, M. Abid, D. Benhaddou, M. Gerndt, Wireless sensors networks for internet of things, in *2014 IEEE 9th International Conference on Intelligent Sensors, Sensor Networks and Information Processing (ISSNIP)*, pp. 1–6 (2014)

[16] C. Koop, R. Mosher, L. Kun, J. Geiling, E. Grigg, S. Long, C. Macedonia, R. Merrell, R. Satava, J. Rosen, Future delivery of health care: cybercare. IEEE Eng. Med. Biol. Mag. 27(6), 29–38 (2008). doi:10.1109/MEMB.2008.929888

[17] P.Kulkarni, Requirements and design spaces of mobile medical care.ACMSIGMOBILE Mob. Comput. Commun. Rev. 11(3), 12–30 (2007)

[18] S. Kumara, L. Cui, J. Zhang, Sensors, networks and internet of things: research challenges in health care, in *Proceedings of the 8th International Workshop on Information Integration on the Web: In Conjunction with WWW 2011*, pp. 2:1–2:4 (2011)

[19] L. Mainetti, L. Patrono, A. Vilei, Evolution of wireless sensor networks towards the internet of things: a survey, in *2011 19th International Conference on Software,*

Telecommunications and Computer Networks (SoftCOM), pp. 1–6 (2011)
[20] D. Miorandi, S. Sicari, F.D. Pellegrini, I. Chlamtac, Internet of things: vision, applications and research challenges. Ad Hoc Netw. 10(7), 1497–1516 (2012)
[21] J. Montavont, D. Roth, T. No, Mobile IPv6 in internet of things: analysis, experimentations and optimizations. Ad Hoc Netw. 14, 15–25 (2014). doi:10.1016/j.adhoc.2013.11.001
[22] M.S. Shahamabadi, B.B.M. Ali, P. Varahram, A.J. Jara, A network mobility solution based on 6LoWPAN hospital wireless sensor network (NEMO-HWSN), in *Proceedings of the 2013 7th International Conference on Innovative Mobile and Internet Services in Ubiquitous Computing, IMIS '13*, pp. 433–438 (2013). doi:10.1109/IMIS.2013.157
[23] X. Shang, R. Zhang, F. Chu, An inter-PAN mobility support scheme for IP-based wireless sensor networks and its applications. Inf. Technol. Manag. 14(3), 183–192 (2013). doi:10.1007/s10799-013-0155-z
[24] X. Wang, D. Le, H. Cheng, Mobility management for 6LoWPAN wireless sensor networks in critical environments. Int. J. Wirel. Inf. Netw. 22(1), 41–52 (2015)
[25] X. Wang, D. Le, Y. Yao, C. Xie, Location-based mobility support for 6LoWPAN wireless sensor networks. J. Netw. Comput. Appl. 49, 68–77 (2015)
[26] X.Wang, C.H. Le Deguang, C. Xie, All-IP wireless sensor networks for real-time patient monitoring. J. Biomed. Inf. 52, 406–417 (2014). doi:10.1016/j.jbi.2014.08.002
[27] L.D. Xu, W. He, S. Li, Internet of things in industries: a survey. IEEE Trans. Ind. Inf. 10(4), 2233–2243 (2014). doi:10.1109/TII.2014.2300753
[28] A. Zamanifar, E. Nazemi, M. Vahidi-Asl, DSHMP-IOT: a distributed self healing movement prediction scheme for internet of things applications. Appl. Intell. 1–21 (2016)
[29] Q. Zhu, R. Wang, Q. Chen, Y. Liu, W. Qin, IOT gateway: bridgingwireless sensor networks into internet of things, in *2010 IEEE/IFIP 8th International Conference on Embedded and Ubiquitous Computing (EUC)*, pp. 347–352 (2010). doi:10.1109/EUC.2010.58
[30] Z. Zinonos, V. Vassiliou, Inter-mobility support in controlled 6LoWPAN networks, in *2010 IEEE GLOBECOM Workshops (GC Wkshps)*, pp. 1718–1723 (2010). doi:10.1109/GLOCOMW.2010.5700235